"十二五""十三五"国家重点图书出版规划项目

新 能 源 发 电 并 网 技 术 丛 书

朱凌志 董存 陈宁 等 编著

新能源发电建模与并网仿真技术

中国水利水电出版社
www.waterpub.com.cn

·北京·

内 容 提 要

本书为《新能源发电并网技术丛书》之一，从基本原理、建模方法、模型参数测试与验证和仿真实例等多个方面，对风力发电、光伏发电和光热发电等主要的新能源发电系统机电暂态建模方法进行了较为全面的介绍。本书首先简要介绍了风力发电、光伏发电、光热发电等新能源发电技术的主要原理，然后分别介绍了主流风电机组、光伏发电、光热发电的并网仿真模型以及风电场和光伏电站场站级控制系统模型，在此基础上，结合 IEC 及我国相关标准，介绍了新能源发电模型参数的测试及验证技术；最后，通过典型算例系统的仿真分析，对比了风电、光伏发电与常规水火电对电网安全稳定性影响方面的差异。

本书对从事新能源发电建模、并网分析及运行控制等方面研究工作的科技工作者具有一定的参考价值，也可供新能源领域的工程技术人员借鉴参考。

图书在版编目（CIP）数据

新能源发电建模与并网仿真技术 / 朱凌志，董存，
陈宁等编著. -- 北京 : 中国水利水电出版社，2018.12
（新能源发电并网技术丛书）
ISBN 978-7-5170-7219-5

Ⅰ．①新… Ⅱ．①朱… ②董… ③陈… Ⅲ．①新能源
—发电—研究 Ⅳ．①TM61

中国版本图书馆CIP数据核字(2018)第274930号

书　　名	新能源发电并网技术丛书 **新能源发电建模与并网仿真技术** XIN NENGYUAN FADIAN JIANMO YU BINGWANG FANGZHEN JISHU
作　　者	朱凌志　董　存　陈　宁　等编著
出版发行	中国水利水电出版社 （北京市海淀区玉渊潭南路1号D座　100038） 网址：www. waterpub. com. cn E - mail：sales@ waterpub. com. cn 电话：(010) 68367658（营销中心）
经　　售	北京科水图书销售中心（零售） 电话：(010) 88383994、63202643、68545874 全国各地新华书店和相关出版物销售网点
排　　版	中国水利水电出版社微机排版中心
印　　刷	北京瑞斯通印务发展有限公司
规　　格	184mm×260mm　16开本　14.75印张　324千字
版　　次	2018年12月第1版　2018年12月第1次印刷
定　　价	**56.00元**

丛书编委会

主　任　丁　杰

副主任　朱凌志　吴福保

委　员（按姓氏拼音排序）

陈　宁　崔　方　赫卫国　秦筱迪

陶以彬　许晓慧　杨　波　叶季蕾

张军军　周　海　周邺飞

本 书 编 委 会

主　　编　朱凌志

副主编　董　存　陈　宁

参编人员（按姓氏拼音排序）

　　　　　葛路明　霍　超　柯贤波　牛拴保

　　　　　钱敏慧　曲立楠　王湘艳　张　磊

　　　　　赵大伟　赵　亮

序 XU

随着全球应对气候变化呼声的日益高涨以及能源短缺、能源供应安全形势的日趋严峻，风能、太阳能、生物质能、海洋能等新能源以其清洁、安全、可再生的特点，在各国能源战略中的地位不断提高。其中风能、太阳能相对而言成本较低、技术较成熟、可靠性较高，近年来发展迅猛，并开始在能源供应中发挥重要作用。我国于2006年颁布了《中华人民共和国可再生能源法》，政府部门通过特许权招标，制定风电、光伏分区上网电价，出台光伏电价补贴机制等一系列措施，逐步建立了支持新能源开发利用的补贴和政策体系。至此，我国风电进入快速发展阶段，连续5年实现增长率超100%，并于2012年6月装机容量超过美国，成为世界第一风电大国。截至2014年年底，全国光伏发电装机容量达到2805万kW，成为仅次于德国的世界光伏装机第二大国。

根据国家规划，我国风电装机容量2020年将达到2亿kW。华北、东北、西北等"三北"地区以及江苏、山东沿海地区的风电主要以大规模集中开发为主，装机规模约占全国风电开发规模的70%，将建成9个千万千瓦级风电基地；中部地区则以分散式开发为主。光伏发电装机容量预计2020年将达到1亿kW。与风电开发不同，我国光伏发电呈现"大规模开发，集中远距离输送"与"分散式开发，就地利用"并举的模式，太阳能资源丰富的西北、华北等地区适宜建设大型地面光伏电站，中东部发达地区则以分布式光伏为主，我国新能源在未来一段时间仍将保持快速发展的态势。

然而，在快速发展的同时，我国新能源也遇到了一系列亟待解决的问题，其中新能源的并网问题已经成为社会各界关注的焦点，如新能源并网接入问题、包含大规模新能源的系统安全稳定问题、新能源的消纳问题以及新能源分布式并网带来的配电网技术和管理问题等。

新能源并网技术已经得到了国家、地方、行业、企业以及全社会的广泛关注。自"十一五"以来，国家科技部在新能源并网技术方面设立了多个"973""863"以及科技支撑计划等重大科技项目，行业中诸多企业也在新能源并网技术方面开展了大量研究和实践，在新能源并网技术方面取得了丰硕的成果，有力地促进了新能源发电产业的发展。

中国电力科学研究院作为国家电网公司直属科研单位，在新能源并网等方面主持和参与了多项国家"973""863"以及科技支撑计划和国家电网公司科技项目，开展了大量与生产实践相关的针对性研究，主要涉及新能源并网的建模、仿真、分析、规划等基础理论和方法，新能源并网的实验、检测、评估、验证及装备研制等方面的技术研究和相关标准制定，风电、光伏发电功率预测及资源评估等气象技术研发应用，新能源并网的智能控制和调度运行技术研发应用，分布式电源、微电网以及储能的系统集成及运行控制技术研发应用等。这些研发所形成的科研成果与现场应用，在我国新能源发电产业高速发展中起到了重要的作用。

本次编著的《新能源发电并网技术丛书》内容包括电力系统储能应用技术、风力发电和光伏发电预测技术、光伏发电并网试验检测技术、微电网运行与控制、新能源发电建模与仿真技术、数值天气预报产品在新能源功率预测中的应用、光伏发电认证及实证技术、新能源调度技术与并网管理、分布式电源并网运行控制技术、电力电子技术在智能配电网中的应用等多个方面。该丛书是中国电力科学研究院等单位在新能源发电并网领域的探索、实践以及在大量现场应用基础上的总结，是我国首套从多个角度系统化阐述大规模及分布式新能源并网技术研究与实践的著作。希望该丛书的出版，能够吸引更多国内外专家、学者以及有志从事新能源行业的专业人士，进一步深化开展新能源并网技术的研究及应用，为促进我国新能源发电产业的技术进步发挥更大的作用！

中国科学院院士、中国电力科学研究院名誉院长： 周孝信

前　言
QIANYAN

　　以潮流计算和机电暂态仿真为基础的分析计算是电力系统规划、日常运行方式安排、控制策略制定的主要手段，模型和参数的准确性一直是电力系统运行人员关注的重点。目前在静态网络元件、常规发电机组及其控制系统、负荷、直流输电等方面的建模研究和参数实测已经较为深入，进入了工程实用阶段。在新能源发电建模方面，相关的理论研究较多，但在电力系统规划和运行中的应用尚处于起步阶段。近年来，以风力发电、光伏发电为代表的新能源发电快速发展，对电力系统的影响也日趋显著。早期电力系统运行人员在日常运行方式计算中对新能源发电模型的考虑较为简单，仅用负荷平衡新能源的出力或者仅用典型模型和典型参数，这种方式无法真实反映新能源对电力系统安全稳定的影响，得出的结论必然是不准确的。随着新能源在电力系统中的占比日益提高，新能源并网安全问题、消纳问题已经成为很多地区电网运行面临的重要问题，这就要求电力系统仿真计算能够准确反映包含大规模新能源发电的系统的动态特性，准确反映新能源运行特性对电力系统安全稳定的影响，以便运行人员科学合理安排电网运行方式，保障新能源的最大消纳。

　　准确的模型和参数是实现含大规模新能源发电的电力系统精确仿真的基础。在新能源发电建模方面，目前已经有不少相关的研究和著作，但这些研究和著作大多着眼于新能源发电本体的控制技术，如风力发电、光伏发电的最大功率跟踪技术，变流器/逆变器的有功功率、无功功率解耦控制等，所提出的模型一般是相对详细的器件级理论模型，更适合作为设备研发方面的参考，而不适用于研究大规模新能源接入与电网的交互影响。中国电力科学研究院自21世纪初开始，陆续开展了多项风力发电、光伏发电的建模、参数实测以及新能源发电与电网交互影响方面的课题研究，并着力于推动研究成果的工程应用。

本书是对中国电力科学研究院在新能源发电建模、参数实测、并网分析方面部分研究成果的提炼和总结。内容涉及新能源发电技术及基本原理、风电机组建模技术、光伏发电建模技术、光热发电建模技术、新能源电站控制系统模型、新能源发电模型参数辨识及验证技术，以及新能源发电并网仿真分析等。

本书共8章，其中第1章由陈宁、朱凌志、董存和牛拴保编写，第2章由陈宁和王湘艳编写，第3章由钱敏慧、张磊编写，第4章由曲立楠、葛路明、朱凌志和柯贤波编写，第5章由赵亮和王湘艳编写，第6章由钱敏慧、赵大伟和朱凌志编写，第7章由曲立楠、葛路明、朱凌志和董存编写，第8章由朱凌志、曲立楠和霍超编写。此外，全书编写过程中还得到了姜达军、韩华玲、于若英、刘艳章、彭佩佩等同事的大力协助。全书主要由朱凌志、董存、陈宁审稿，朱凌志统稿完成。

本书在编写过程中参阅了很多前辈的工作成果，引用了大量标准、新能源发电设备试验和测试数据，在此对国家电力调度控制中心、西北电力调控分中心、国网浙江省电力有限公司、国网青海省电力有限公司、国网新疆电力有限公司、国网河南省电力有限公司、国网宁夏电力有限公司、阳光电源股份有限公司、华为技术有限公司等单位表示特别感谢。本书在编写过程中听取了中国电力科学研究院王伟胜的中肯意见并采纳了相关建议；与此同时，丛书编委会丁杰、吴福保等给予了相关帮助；此外，顾锦汶教授亦给予了宝贵的意见。在此一并向他们致以衷心的感谢！

本书的成果来自国家重点研发计划项目：高比例可再生能源并网的电力系统规划与运行基础理论（2016YFB0900100）。

限于作者水平和实践经验，书中难免有不足之处，恳请读者批评指正。

作者

2018 年 11 月

目 录
MULU

第1章　绪　　论

1.1　我国新能源发展概况

随着化石能源的日趋枯竭和全球对于温室气体排放引起的气候变化问题的关注，以风能、太阳能为代表的新能源因具有可持续性、清洁、环保等特点，已成为当今与未来能源的发展方向。

我国政府高度重视气候变化问题，积极实施节能减排，大力发展新能源。2006年5月，全国人民代表大会颁布了《中华人民共和国可再生能源法》，国家有关部委随后出台了一系列的配套政策、管理规定和办法，明确了可再生能源发电优先上网、全额收购、价格优惠及社会公摊的政策。2007年6月，国家发展和改革委员会发布了《中国应对气候变化国家方案》，提出了2010年单位GDP能耗比2005年降低20%，可再生能源开发利用在一次能源供应中的比重达到10%等目标。8月，国务院常务会议审议并通过了《可再生能源中长期发展规划》。同时，一系列支持风电和光伏发电发展的电价政策、补贴政策以及管理政策陆续出台，极大地促进了我国风电、光伏发电的发展。2016年11月和12月，国家能源局分别发布了《风电发展"十三五"规划》和《太阳能发展"十三五"规划》，提出我国太阳能发电和风力发电在"十三五"期间的发展总目标。其中，到2020年，风电总装机容量达到2.1亿kW以上，海上风电并网装机容量达到500万kW；太阳能发电装机容量达到1.1亿kW以上。

在风电发展方面，按照集中开发和分散发展并举的原则，推进风电有序、快速、健康发展。在"三北"等风能资源丰富地区，结合电网布局、电力市场、电力外送通道，优化风电开发布局，有序推进风电的规模化发展，以特许权招标项目和试验示范项目建设带动风电技术进步和设备制造产业升级，为海上风电大规模开发建设打好基础。在风能资源分散的内陆地区，因地制宜推动分散接入低压配电网的风电开发，为风电发展开辟新的途径。目前，已建成以甘肃酒泉、新疆哈密等为代表的一批风电基地。

在太阳能发电发展方面，在中东部地区建设与建筑结合的分布式光伏发电系统，在青海、新疆等太阳能资源丰富和未利用土地资源丰富的地区，以增加当地电力供应为目的建设集中式地面光伏电站，以经济性与光伏电站基本相当为前提建设一批光热电站。目前，已建成以青海为代表的一批太阳能发电基地，江苏、浙江等省份的分布式光伏发电也快速发展。

截至2017年年底，我国风电装机容量1.64亿kW、光伏发电装机容量1.3亿kW

（其中分布式光伏发电装机容量 2966 万 kW），分别同比增长 10.5％和 68.7％。可再生能源发电装机容量约占全部电力装机容量的 36.6％，同比上升 2.1 个百分点，可再生能源的清洁能源替代作用日益凸显。

1.2　新能源接入对电力系统的影响

1.2.1　新能源的技术特点及运行特性

1. 特点

风电和光伏发电受风、光等资源影响，其出力呈现明显的间歇性和波动性。以甘肃某年出力数据为例，经统计分析发现有如下特点：

（1）出力波动明显。风电日平均出力波动范围很大，最小值接近于 0，最大值接近全天满发。

（2）出力随机性强。在相同月份，会连续数日日平均出力达到额定出力，同时，也可能连续数日日平均出力不足 20％额定出力甚至于 0；对于相邻日，存在发电量近似相等，而出力曲线差异巨大的情况。

2. 运行特性

风电和光伏发电均采用电力电子接口设备并网，其运行特性不同于常规机组，主要表现在：

（1）缺乏转动惯量。风轮叶片等效转动惯量虽然很大，但由于目前主流的双馈、直驱型风电机组均采用电力电子变流器实现有功、无功的解耦控制，采用锁相环跟踪电网频率，对电网的频率变化不敏感，因此风轮叶片的转动惯量无法作用到电网中。光伏发电无转动部件，在不增加额外措施和控制策略的基础上，对电网没有转动惯量。

（2）过载能力不足。由于电力电子器件承受过压、过流的能力不足，因此风电机组、光伏逆变器无法承受电网故障带来的设备过压或者过流。在系统发生短路时，逆变器接口的发电设备提供的短路电流基本与额定电流相当，对电力系统的支撑能力明显弱于同步发电机组。而由于电力电子器件耐受过电压能力弱，在送端直流闭锁等可能导致的系统高电压工况下，风电机组、光伏逆变器发生脱网的风险很高。

（3）一次调频能力不足。现有标准对新能源发电调频能力未做要求，新能源发电难以对系统提供有效的有功调节支撑，对电网频率稳定性造成的影响正日益显现。

（4）电压调节能力未能充分利用。风电机组、光伏逆变器虽然自身具备一定的无功输出能力，但由于电站机组数量多，实现整站的协调控制难度较大，目前风电机组、光伏逆变器的无功功率调节能力均未能充分发挥。

1.2.2　对调度运行的影响

研究人员做了大量研究分析工作，从消纳问题、调峰及备用容量等方面探讨了大规模新能源发电并网对电力系统调度运行的影响。

1. 消纳问题

大规模新能源接入电力系统后，增加了系统的调节负担，常规电源不仅要跟随负荷变化，还要平衡新能源发电的出力波动。当新能源发电出力超过系统调节范围时，就必须控制新能源出力以保证系统动态平衡，从而产生弃风、弃光。

截至 2017 年年底，我国可再生能源发电量 1.7 万亿 $kW \cdot h$，占全部发电量的 26.4%。其中，风电电量 3057 亿 $kW \cdot h$，弃风电量 419 亿 $kW \cdot h$，弃风率 12%；光伏发电电量 1182 亿 $kW \cdot h$，弃光电量 73 亿 $kW \cdot h$，弃光率 6%。

2. 对系统调峰容量的影响

新能源发电具有不确定性，特别是风电，其功率波动常常与用电负荷波动趋势相反，即在负荷高峰时段可能无风可发电，而在负荷低谷时段又可能来大风而需要满发。同时风电机组功率由风速决定，功率变化速率较快，需要系统为之提供足够快的调峰速率。因此，风电的运行相当于产生"削谷填峰"的反调峰效果，加大了电网的等效峰谷差，扩大了全网调峰的范围和容量需求。

我国电源结构以火电为主，燃气发电等快速调节电源配置不足，导致系统调峰能力严重不足，在我国"三北"地区更为突出，尤其在冬天后半夜低负荷但风电高出力情况下，相当一部分火电机组承担供热任务，这些机组实行"以热定电"，机组调峰能力降低，进一步增加了全网调峰容量需求。

以甘肃省为例，甘肃全省具备调峰能力的发电机组容量约为 8GW，受水电、火电机组运行方式以及检修等因素的影响，最大可调容量约为 5GW，考虑事故备用、负荷备用以及电网结构的限制等，全省所有机组不同时期的总调峰能力约为 4GW。其中，1.5GW 用于常规负荷调峰，能够承担新能源调峰的容量仅为 2.5GW。如果考虑通过跨省资源参与调峰，则涉及调度管理和电力交易模式等一系列管理问题。因此，在现有技术水平下，局部地区电网的整体调峰能力无法满足需求。

1.2.3 对安全稳定的影响

1. 电网抗扰动能力下降

电力系统稳定运行的核心是能量的瞬时平衡。对交流电网而言，瞬时平衡的根本在于同步，当系统发生故障或扰动，产生功率冲击引起频率波动时，依靠大量旋转设备的转动惯性进行调节。系统调频能力主要与 3 个因素有关：①系统有效转动惯量；②机组调频能力；③负荷频率特性。系统有效转动惯量越大，机组调频能力越强，负荷频率特性越好，承受有功功率冲击、频率波动的能力越强。

大规模新能源接入电网后，大量常规电源被替代，系统调频、调压能力减弱，电网抗扰动能力下降，在出现大功率缺失的情况下，易引发全网频率问题。以西北电网和东北电网为例，西北电网在 68GW 负荷水平下，功率损失 3.5GW，若网内无风电，系统

频率下跌 0.65Hz，若网内风电出力达到 12GW，则频率下跌 0.95Hz；东北电网 55GW
负荷水平下，功率损失 3GW，若网内无风电，系统频率下跌 0.7Hz，若网内风电出力
达到 10GW，频率下跌 1.1Hz。

2. 发生连锁故障的风险增加

新能源发电设备对高频和过电压的耐受能力较差，当系统发生扰动，频率、电压发
生变化时，新能源发电设备容易大规模脱网，引发严重的连锁性故障。随着新能源发电
占比的提升，该问题将日益突出。

以哈密—郑州±800kV 特高压直流工程（简称天中直流）为例，送端电网暂态过
电压约为 1.2 倍额定电压时，火电等常规机组仍能正常运行，但风电等新能源机组有可
能大规模连锁脱网。

以灵绍、银东等多直流送端区域为例，单一交流故障可导致近区多回直流功率同时
短时大幅跌落，引起系统频率超过 50.5Hz，存在新能源大规模脱网风险。

3. 发生次同步振荡的风险增加

与传统电网中同步、异步概念不同，电力电子设备诱发次同步/超同步振荡后，可
能仍会并网运行，持续威胁电网安全运行。

新能源发电采用的电力电子设备普遍采用基于 Park 变换的 dq 旋转坐标轴控制方
式，超同步（70Hz）的振荡分量将会耦合出次同步（30Hz）的振荡分量（关于 50Hz
对称），若风电阻抗与电网阻抗相互耦合，会引起系统不稳定。

近年来，在电网实际运行中，在新疆、甘肃、宁夏、河北等风电富集地区多次监测
到由风电机组产生的次同步谐波。2015 年 7 月 1 日，新疆哈密山北地区风电机组持续
产生次同步谐波，导致花园火电厂的机组轴系次同步扭振保护动作，3 台 660MW 火电
机组相继跳闸。随着风电、光伏发电的快速发展，由新能源引起的电网次同步振荡风险
进一步加大。

1.3 新能源发电建模与仿真研究进展

电力系统仿真计算既是电力系统动态分析与安全控制的基本工具，也是电力生产部
门用于指导电网运行的基本依据。电力系统建模是仿真计算的基础，模型及参数不准会
使计算结果与实际情况不符。或偏保守，造成不必要的资源浪费，影响电力系统运行的
经济性；或偏激进，在极端情况下会改变分析结论或者掩盖一些重要的现象，对系统构
成潜在危险。

传统的电力系统建模最主要的工作是确定"四大参数"，即励磁系统及其调节器参
数、原动机及其调节器参数、同步发电机参数和电力负荷参数。除此之外，还包括动态
等值建模、输电线路建模和动力系统建模等。

大规模新能源发电并网后，由于采用电力电子接口设备并网，电力电子设备的快速

响应特性使得系统在功角稳定、频率稳定和电压稳定等传统稳定问题之外，又出现了新的稳定问题。为了适应电力系统稳定分析的需要，必须建立能够准确反映新能源发电特性的模型。

1.3.1 风力发电建模的技术进展

风力发电建模是一个循序渐进的过程。在机电暂态时间尺度，自 2003 年以来，陆续有多个国际组织密切关注和跟进，包括美国西部联合电力系统（Western System Coordinating Council，WECC）、国际大电网会议（International Conference on Large High Voltage Electric System，Conference International des Grands Reseaux Electriques，CIGRE）、国际电工委员会（International Electrotechnical Commission，IEC）和北美电力可靠性委员会（North American Electric Reliability Council，NERC）等。截至 2010 年，风力发电建模技术进展可简要归纳如图 1-1 所示。

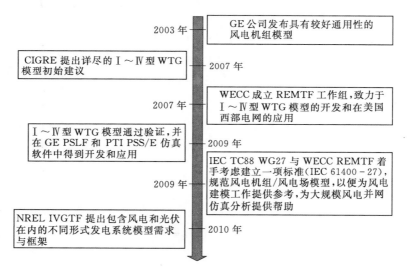

图 1-1 风力发电建模技术进展

WECC REMTF—Western Electricity Coordinating Council Renewable Energy Modeling Task Force；
IEC TC88 WG27—International Electrotechnical Commission Technical Committee 88 Working Group 27；
NREL IVGTF—Nation Renewable Energy Laboratory Integration of Variable Generation Task Force

目前，在 EPRI、CIGRE、WECC TEMTF、IEC TC88 WG27、NREL、SNL，以及多家设备厂商（包括 ABB、Siemens、Nordex、Enernex、Enercon、GE、Vestas 等）的积极努力下，除场站级控制系统外，模型的其他部分均得到验证，并在 GE PSLF、PTI PSS/E 及 DIgSILENT PowerFactory 软件中得到开发和应用。其中，GE PSLF 和 PTI PSS/E 采用受控电流源作为并网接口，而 DIgSILENT PowerFactory 采用静态发电机替代电源及电力电子变换器作为并网接口，通过控制静态发电机有功电流和无功电流的参考值，实现对风力发电系统向电网注入有功功率、无功功率的控制。从并网接口的标准化来看，DIgSILENT PowerFactory 软件实现了风电等一类新能源发电系统模型的通用化。

从技术实现方面上看，面向电力系统安全稳定分析的需求，对风力发电系统详细模型进行简化是建立风力发电机电暂态模型的有效途径，其发展过程如图 1-2 所示。具有通用化特征的风力发电机电暂态模型的起源为复杂的三相详细模型，也称为 PSCAD 模型，该模型考虑电力电子装置的快速动态特性，用于控制器的设计和详细动态特性分析。通过忽略详细模型中与正序计算无关的部分，可以推导得到正序暂态模型。这两个模型由厂商持有，且不适用于电力系统暂态计算。在正序暂态模型的基础上，提炼不同厂商同类产品的共性，并对外公开，得到的模型即为暂态通用化模型，例如，GE 公司于 2003 年发布的风电机组模型。暂态通用化模型降低了研究人员和工程技术人员对厂商的依赖程度，但遗憾的是其仍离不开产品个性环节的支撑，如 C_P 曲线等。

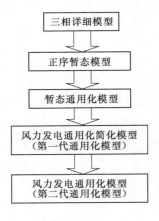

图 1-2　风力发电建模
发展过程

为了避开厂商对模型的限制，使之适用于大电网仿真，围绕 IEC 定义了以下四类风电机组：①定速风电机组（Ⅰ型）；②滑差控制变速风电机组（Ⅱ型）；③双馈变速风电机组（Ⅲ型）；④全功率变频风电机组（Ⅳ型）。研究人员和工程技术人员通过忽略模拟快速动态特性的环节，保留合理的共性模块，简化受保密限制的环节，建立了风力发电通用化简化模型，即第一代通用化模型，并取得推广应用。

随着风力发电模型验证队伍的不断扩大，越来越多的厂商对第一代通用化模型的正确性和通用性提出质疑，从而促使其不断改进，最终形成风力发电通用化模型，即第二代通用化模型。第二代通用化模型模块化特征明显，各功能模块具有相对标准的形式，作用可得到充分发挥，减少了模型在设计、建立和应用过程中的重复性工作量。

1.3.2　光伏发电建模的技术进展

相比于风力发电建模，光伏发电建模起步稍晚。2009 年，GE 公司率先发布了其自用的光伏电站稳定分析模型结构，充分考虑光伏发电并网技术要求及并网特性。随后，经过 WECC 和 NERC 的联合研究，在 GE 模型的基础上，综合考虑了国际上其他组织机构的并网技术要求，发布了 WECC 光伏发电机电暂态通用模型结构，包括站级控制模型和逆变器模型，更清晰地明确了各模块与电站各物理系统的对应。但由于其参考 GE 模型，重点主要放在了光伏电站的无功控制，而在很大程度上忽略了有功控制。

国内关于适用于电力系统分析的光伏发电模型研究也起步于 2009 年。中国电力科学研究院于 2010 年发布了 PSASP 第一版光伏模型，2012 年发布了 BPA 第一版光伏模型，两种光伏模型只有逆变器模型，仅考虑了逆变器正常运行工况下的双环控制策略，而未能描述逆变器的故障穿越特性，此外也缺乏实际逆变器的参数。2014 年，中国电力科学研究院牵头编写的国家电网公司企业标准《光伏发电站建模导则》（Q/GDW 1994—2013）、《光伏发电站模型验证及参数测试规程》（Q/GDW 1993—2013）发布，初步提出了用于电网分析的光伏发电标准化模型；经进一步优化完善，这两个标准升级为国家标准《光伏发电系统建模导则》（GB/T 32826—2016）和《光伏发电系统模型及参数测试规程》（GB/T 32892—2016），并于2016年颁布实施。GB/T 32826—2016给出了光伏发电站的潮流计算、短路电流计算和机电暂态仿真的建模原则，同时还给出了3种典型的光伏逆变器暂态分析模型（Ⅰ型、Ⅱ型和Ⅲ型）。其中Ⅰ型模型最为详细，考虑了逆变器的PMW调制、直流侧电容，逆变器有功功率和无功功率控制，故障穿越控制，逆变器电压、电流和频率保护，场站级有功功率、无功功率控制等环节；Ⅱ型模型相对于Ⅰ型模型简化了响应速度较快的PWM调制环节；Ⅲ型模型相对于Ⅱ型模型作了进一步简化，省略了逆变器直流侧电容环节。2018年7月中国电力科学研究院发布的新版PSASP软件中，包含了国家标准中所推荐的Ⅲ型模型，至此，光伏发电模型进入了工程应用阶段。

1.4 主要内容

本书从基本原理、建模方法、模型参数测试与验证和仿真实例等多个方面，着重介绍风力发电、光伏发电和光热发电等新能源发电系统的机电暂态建模方法。

（1）以风力发电、光伏发电和光热发电为重点，介绍了新能源发电的基本类型和原理。

（2）风力发电建模技术，以目前应用最为广泛的双馈异步（Ⅲ型）风电机组为代表，介绍风电机组的模型结构和各个环节的模型，并介绍了国际上关于风电机组通用化模型的研究进展。

（3）光伏发电建模技术，主要结合中国电力科学研究院在光伏发电模型方面的研究成果，介绍了光伏发电的模型结构、光伏阵列和逆变器的典型模型。同时结合实际案例，介绍了光伏电站模型的等值方法。

（4）以主流的槽式和塔式光热发电技术为代表，介绍了光热发电建模技术，重点是聚光系统、集热系统、蓄热系统，并通过仿真算例，论述了光热发电的运行特性。

（5）在分析风电场、光伏电站典型结构和控制要求的基础上，介绍了新能源电站有功功率和无功功率的控制方法，以WECC、IEC和中国电力科学研究院的典型研究成果为代表，介绍了新能源电站控制系统模型的研究进展，并结合仿真算例，验证了场站级控制系统对新能源电站并网运行特性的影响。

（6）结合IEC风电模型验证标准以及我国光伏发电模型验证标准，介绍新能源发电模型参数的辨识及验证技术，包括试验方法、模型参数辨识方法、模型验证方法等，并结合实验室测试和现场试验案例，使理论模型与现场实际的差异性直观化呈现。

（7）通过典型算例的仿真计算，分析对比了风力发电、光伏发电与常规水电、火电

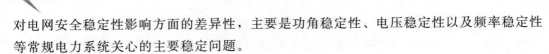

对电网安全稳定性影响方面的差异性，主要是功角稳定性、电压稳定性以及频率稳定性等常规电力系统关心的主要稳定问题。

参　考　文　献

［1］　国家能源局 . 我国可再生能源发电装机达 6.5 亿千瓦，同比增 14% ［N］. http：//
www. nea. gov. cn/2018 - 01/24/c _ 136920163. htm.

［2］　国家能源局 . 2017 年光伏发电新增装机 5306 万千瓦，居可再生能源之首 ［N］. http：//
www. nea. gov. cn/2018 - 01/24/c _ 136920159. htm.

［3］　肖创英，汪宁渤，陟晶，等 . 甘肃酒泉风电出力特性［J］. 电力系统自动化，2010，34（17）：
64 - 67.

［4］　陈国平，李明节，许涛，等 . 关于新能源发展的技术瓶颈研究［J］. 中国电机工程学报，
2017，37（1）：20 - 26.

［5］　舒印彪，张智刚，郭剑波，等 . 新能源消纳关键因素分析及解决措施研究［J］. 中国电机工程
学报，2017，37（1）：1 - 8.

［6］　国家能源局 . 可再生能源发电量 1.7 万亿千瓦时，同比增 1500 亿千瓦时 ［N］. http：//
www. nea. gov. cn/2018 - 01/24/c _ 136920162. htm.

［7］　R Piwko，E Camm，A Ellis，et al. A whirl of activity ［J］. IEEE Power on Energy Magazine，
2009，7（6）：26 - 35.

［8］　P Pourbeik. Specification of the second generation generic models for wind turbine generators
［R］. Palo Alto，Carlifornia，USA，2013.

［9］　WECC Renewable Energy Modeling Task Force. Generic solar photovoltaic system dynamic simu-
lation model specification ［R］. Salt Lake City，Utah，USA，2012.

［10］　P Pourbeik. Technical Update - wind and solar PV modeling and model validation ［R］. Palo Al-
to，Carlifornia，USA，2012.

［11］　North American Electric Reliability Corporation （NERC），Integration of Variable Generation
Task Force （IVGTF） Task1 - 1. Standard models for variable generation ［R］. Princeton，
USA，2010.

［12］　B Badrzadeh，Vestas Technology R&D. Vestas on type 3 and 4 generaic wind turbine models
（PPT） ［R］. Salt Lake City，Utah，USA，2011.

［13］　L Lindgren，J Svensson，L Gertmar. Generic models for wind power plants：needs and previous
work ［R］. Stockholm，Sweden，2012.

［14］　P Pourbeik，A Ellis，J Sanchez - Gasca，et al. Generic stability models for type 3&4 wind turbine
generators for WECC ［C］// Power and Energy Society General Meeting （PES），Vancouver，
British Columbia，Canada，2013.

［15］　P Sørensen，B Andresen，J Fortmann. Modular structure of wind turbine models in IEC 61400 -
27 - 1 ［C］// Power and Energy Society General Meeting （PES），Vancouver，British Columbia，
Canada，2013.

［16］　North American Electric Reliability Corporation （NERC）. Accommodating high levels of varia-
ble generation ［R］. Princeton，USA，2009.

［17］　K Clark，N W Miller，J J Sanchez - Gasca. Modeling of GE wind turbine - generators for grid
studies ［R］. Schenectady，USA，2010.

［18］　K Clark，N W Miller，R Walling. Modeling of GE solar photovoltaic plants for grid studies ［R］.

Schenectady，USA，2010.

[19] WECC Renewable Energy Modeling Task Force. WECC PV power plant dynamic modeling guide (draft posted for TSS approval) [R]. Salt Lake City，Utah，USA，2014.

[20] WECC Renewable Energy Modeling Task Force. WECC wind power plant dynamic modeling guide [R]. Salt Lake City，Utah，USA，2010.

[21] P Pourbeik. Technical update – generic models and model validation for wind turbine generators and photovoltaic generation [R]. Palo Alto，Carlifornia，USA，2013.

[22] P Pourbeik. Proposed changes to the WECC WT4 generic model for type4 wind turbine generators [R]. Palo Alto，Carlifornia，USA，2011.

[23] P Pourbeik. Proposed changes to the WECC WT3 generic model for type3 wind turbine generators [R]. Palo Alto，Carlifornia，USA，2012.

[24] WECC Renewable Energy Modeling Task Force. Pseudo governor model for type 1 and 2 generic turbines [R] Salt Lake City，Utah，USA，2012.

[25] CIGRE Working Group C4. 601. Modeling and dynamic behavior of wind generation as it relates to power system control and dynamic performance [R]. Paris，France，2007.

[26] P Sørensen，B Andresen，J Fortmann，et al. Overview，status and outline of the new IEC 61400 – 27 – electrical simulation models for wind power generation [C] // 10th International Workshop on Large – Scale Integration of Wind Power into Power Systems as well as on Transmission Networks of Offshore Wind Power Plants. Aarhus，Denmark，2011.

[27] P Sørensen. IEC 61400 – 27 standard on electrical simulation model for wind power generator [R]. Rome，Italy，2012.

[28] W Li，H Minhan，K Shunchin. Transient analysis of Jang – Bin wind farm connected to Taipower grid [C] // CACS International Automatic Control Conference，Sun Moon Lake，Taiwan，2013.

[29] L Yong，L Yilu，J R Gracia. Variable – speed wind generation control for frequency regulation in the eastern interconnection（EI）[C] // IEEE PES T&D Conference & Exposition，Chicago，USA，2014.

[30] N Modi，T K Saha. Revisiting damping performance of the Queensland network under wind power penetration [C] // Power and Energy Society General Meeting，San Diego，USA，2012.

[31] C A Chang，Y K Wu，W T Chen，et al. A novel power system defense plan to cope with 30% wind power penetration in the isolated Penghu system [J]. IEEE Transactions on Industry Applications，2013，49（4）：1669 – 1677.

[32] Yurry Kazachkov. PSS/E wind and solar models（PPT）[R]. Rensselaer，New York，USA，2011.

[33] J J Sanchez – Gasca. Wind and solar models in PSLF（PPT）[R]. St. Paul，MN，USA，2011.

[34] DIgSILENT GmbH. DIgSILENT PowerFactory User Manual _ EN [R] . Gomaringen Germany，2016.

[35] A Ellis，Y Kazachkov，E Muljadi，et al. Description and technical specifications for generic WTG models—a status report [C] // Power Systems Conference and Exposition（PSCE），Phoenix，AZ，USA，2011.

[36] N W Miller，J J Sanchez – Gasca，W W Price，et al. Dynamic modeling of GE 1. 5 and 3. 6MW wind turbine generator for stability simulations [C] // IEEE Power Engineering Society General Meeting，Toronto，Ontario，2003.

[37] N W Miller，W W Price，J J Sanchez – Gasca. Dynamic modeling of GE 1. 5 and 3. 6MW wind turbine – generators（Version 3. 0）[R]. Schenectady，USA，2003.

[38] IEC 61400 – 27 – 1 Wind turbines：Part 27 – 1 electrical simulation models for wind power genera-

tion [S]. 2012.

[39] R Ghazi, H Aliabadi. Stability improvement of wind farms with fixed - speed turbine generators using braking resistors [C] // Universities Power Engineering Conference (UPEC), Cardiff, Wales, 2010.

第2章　新能源发电技术及基本原理

新能源发电是以风能、太阳能、海洋能、地热能、生物质能等能源作为输入，并将其转化为电能的发电形式，主要包括风力发电、光伏发电、光热发电、海洋能发电、地热能发电和生物质能发电等。其中，风力发电和光伏发电目前技术最成熟、应用最广泛；光热发电近年来有一定程度的发展，生物质能发电技术也已经非常成熟，并广泛应用，而海洋能发电和地热能发电由于技术、经济多方面原因目前还未有大规模应用。

本章主要介绍风力发电、光伏发电和光热发电的基本原理。其中，对于风力发电，广泛使用的风电机组类型包括定桨距失速型异步风电机组、双馈风电机组和永磁直驱风电机组3种，主要介绍这3种常用风电机组的结构、工作原理和并网控制原理；对于光伏发电，可分为并网型光伏发电系统和离网型光伏发电系统，主要介绍不同类型光伏发电系统的结构、太阳电池的工作原理和逆变器的工作原理；对于光热发电，可以分为塔式光热发电、槽式光热发电和碟式光热发电等，主要介绍不同类型光热发电的结构和基本原理。

2.1　风力发电

2.1.1　风电机组的构成及分类

2.1.1.1　风电机组的构成

风电机组是将风的动能转换为电能的系统，由风轮、机舱、塔架和基础等部分构成，如图2-1所示。

风轮由叶片和轮毂组成。叶片在气流作用下产生力矩驱动风轮转动，通过轮毂将转矩输入到主传动系统；机舱由底盘、整流罩和机舱罩组成，底盘上安装除主控制器以外的主要部件，整流罩用于保护风电机组，机舱罩后部的上方装有风速和风向传感器，舱壁上有隔音和通风装置等，底部与塔架连接；塔架支撑机舱达到所需要的高度，其上安置发电机和主控制器之间的动力电缆、控制和通信电缆；基础为钢筋混凝土结构，根据当地地质情况设计成不同的型式，其中心预置与塔架连接的基

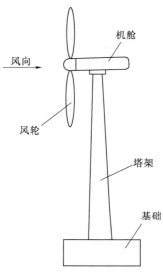

图2-1　风电机组结构示意图

础部件，保证将风电机组牢牢地固定在基础上，基础周围还要设置预防雷击的接地装置。

典型变速风电机组内部结构如图 2-2 所示。

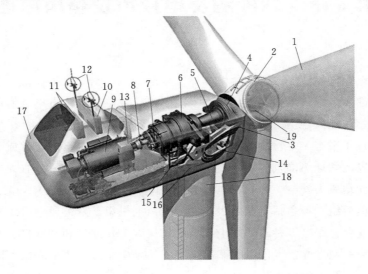

图 2-2 典型变速风电机组内部结构

1—叶片；2—轮毂；3—机舱；4—风轮轴与主轴连接；5—主轴；6—齿轮箱；7—刹车机构；
8—联轴器；9—发电机；10—散热器；11—冷却风扇；12—风速仪和风向标；
13—控制系统；14—液压系统；15—偏航驱动；16—偏航轴承；
17—机舱盖；18—塔架；19—变桨距部分

典型的变速风电机组由以下基本部分组成：①变桨距系统，包括变距电动机、变距控制器、电池盒等；②发电系统，包括发电机、变流器等；③主传动系统，包括主轴及主轴承、齿轮箱、高速轴和联轴器等；④偏航系统，包括电动机、减速器、变距轴承、制动机构等；⑤控制系统，包括传感器、电气设备、计算机控制系统和相应软件。

此外，还有液压系统，为高速轴上设置的制动装置、偏航制动装置提供液压动力。液压系统包括液压站、输油管和执行机构。为了实现齿轮箱、发电机、变流器的温度控制，设有循环油冷却风扇和加热器。

2.1.1.2 风电机组的分类

风电机组类型多样，按风轮转轴方向，可以分为水平轴风电机组和垂直轴风电机组；按叶片角度调节方式，可以分为定桨距风电机组和变桨距风电机组；按传动方式，可以分为直驱风电机组和非直驱风电机组；按发电机类型，可以分为异步风电机组和同步发电机组。随着电力电子技术在风力发电中的应用，按电气控制方式和电力电子变流器容量，可以分为双馈风电机组和全功率风电机组。

目前最为常用的风电机组类型包括采用笼型异步发电机的定桨失速型风电机组（异

步风电机组)、采用双馈异步发电机的变速恒频风电机组（双馈风电机组）和采用低速永磁同步发电机的直驱式变速恒频风电机组（永磁直驱风电机组）。在大容量风电机组设计制造中，双馈风电机组和永磁直驱风电机组是典型代表。IEC 根据物理特性将风电机组类型分为Ⅰ型、Ⅱ型、Ⅲ型和Ⅳ型。

1. Ⅰ型风电机组

Ⅰ型风电机组（定速风电机组）一般采用笼型异步感应发电机，其转子经齿轮箱与风轮连接，定子直接连接到电网，转速只能少许改变［±(1%～2%)］，几乎是"恒速"的。Ⅰ型风电机组的主要电气、机械部件的接线方式如图 2-3 所示。图中，WTR 为风轮，GB 为齿轮箱，AG 为异步发电机，FC 为固定电容器组，VC 为可变电容器组，QF 为断路器，TR 为箱式变压器，WTT 为风电机组端口。

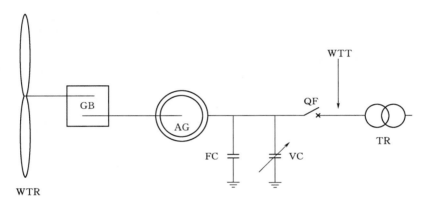

图 2-3 Ⅰ型风电机组结构图

2. Ⅱ型风电机组

Ⅱ型风电机组（滑差控制变速风电机组）通过电力电子器件控制转子电阻，同时配有变桨控制系统，允许转速的变化为±10%，使电能质量优化并降低风电机组元件的机械应力。Ⅱ型风电机组的主要电气、机械部件的接线方式如图 2-4 所示。图中，WTR 为风轮，GB 为齿轮箱，WRAG 为线绕式异步发电机，VRR 为可变转子电阻，FC 为固定电容器组，VC 为可变电容器组，QF 为断路器，TR 为箱式变压器，WTT 为风电机组端口。

Ⅱ型风电机组商用产品不多，国内更为少见。

3. Ⅲ型风电机组

Ⅲ型风电机组（双馈变速风电机组）采用绕线式异步发电机，转子通过背靠背变流器连接于电网，控制转子励磁，实现转子转速与转频率解耦、电网频率与转子频率匹配以及有功与无功解耦，转速变化范围可达同步转速的±30%。Ⅲ型风电机组的主要电气、机械部件的接线方式如图 2-5 所示。图中，WTR 为风轮，GB 为齿轮箱，WRAG 为线绕式异步发电机，GSC 为机侧变流器，LSC 为网侧变流器，CB 为撬棒电阻

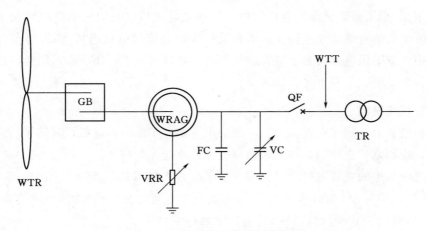

图 2-4 Ⅱ型风电机组接线方式

（Crowbar），CH 为斩波电阻（Chopper），C 为直流电容器，L 为电抗器，QF 为断路器，TR 为箱式变压器，WTT 为风电机组端口。

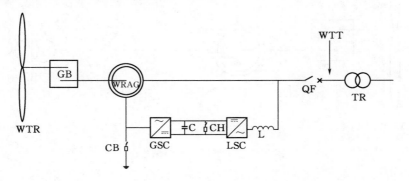

图 2-5 Ⅲ型风电机组接线方式

4. Ⅳ型风电机组

Ⅳ型风电机组（全功率变流风电机组）通过全功率变流器连接于电网，实现与电网完全解耦，可以提供比Ⅲ型风电机组更宽的运行风速范围和更宽范围的无功/电压控制能力。绝大部分Ⅳ型风电机组一般采用永磁同步发电机，无齿轮箱，因此运行可靠性更高、故障率更低。Ⅳ型风电机组的主要电气、机械部件的接线方式如图 2-6 所示。图

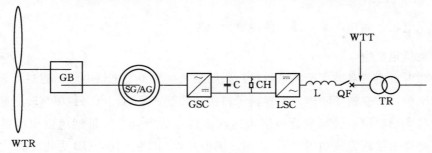

图 2-6 Ⅳ型风电机组接线方式

中，WTR 为风轮，GB 为齿轮箱，SG/AG 为同步/异步发电机，GSC 为机侧变流器，LSC 为网侧变流器，C 为直流电容，CH 为斩波电阻，L 为电抗器，QF 为断路器，TR 为箱式变压器，WTT 为风电机组端口。

2.1.2 风轮工作原理

2.1.2.1 风能利用系数

由流体力学可知，空气流动产生的动能，即风能的表达式为

$$E=\frac{1}{2}\rho A v^3 \tag{2-1}$$

式中 ρ——空气密度，kg/m^3；

A——单位时间气流流过的截面积，m^2；

v——风速，m/s。

对于理想的风轮，风功率 P_w 是动能对时间的导数，其表达式为

$$P_w=\frac{dE}{dt}=\frac{1}{2}\rho A v^3 \tag{2-2}$$

通常用风能利用系数 C_P 来表示实际风电机组从风中所吸取功率的比例，从而得到风电机组实际吸收的功率为

$$P_w=\frac{\pi}{2}\rho C_P r^2 v^3 \tag{2-3}$$

式中 P_w——风电机组从风中获取的能量转化而来的风功率，W；

r——风轮半径，即叶片长度，m；

C_P——风电机组的风能利用系数。

对于给定的风电机组类型，C_P 可以通过实际测量拟合为叶尖速比 λ 与桨距角 β 的函数，计算公式为

$$C_P(\beta,\lambda)=0.5173\left(\frac{116}{\lambda_i}-0.4\beta-5.0\right)e^{\frac{-21}{\lambda_i}}+0.0068\lambda \tag{2-4}$$

其中

$$\lambda_i=\frac{1}{\dfrac{1}{\lambda}+0.08\beta-\dfrac{0.035}{\beta^3+1}}$$

风轮的特性可以由一簇风能利用系数的无因次性能曲线来表示，图 2-7 给出风能利用系数 C_P 与叶尖速比 λ 和桨距角 β 的关系曲线。

2.1.2.2 变桨距控制系统

变桨距就是使叶片绕其安装轴旋转，改变叶片的桨距角，可以改变风轮的气动特性，控制风能的能量吸收，从而保持一定的输出功率。变速风电机组的转速变化范围一般为 $10\sim30r/min$。变速恒频变桨距控制的理论依据是，当风速低于额定风速时，一般固定桨距角不变，为 $0°$；当风速高于额定风速时，保持电磁转矩恒定，通过调节桨距

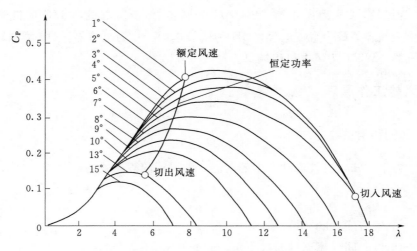

图 2 - 7　风能利用系数与叶尖速比和桨距角的关系曲线

角减少发电机的输出功率，使输出功率稳定在额定功率。在实际变速风电机组的变桨距控制中，根据输入信号的不同，变桨距控制可以分为转速限制和功率限制两种模式。

2.1.2.3　传动系统

传动系统是风电机组传递机械能，并将机械能转换为电能的重要部件，主要由主轴、轴承及轴承座、齿轮箱、联轴器等部件组成。

（1）主轴。主轴安装在风轮和齿轮箱之间，起到支撑轮毂处传递的各种负载的作用，并将扭矩传递给增速齿轮箱，将轴向推力、气动弯矩传递给机舱、塔架。

（2）轴承及轴承座。轴承及轴承座用于支撑传动系统，与齿轮箱两侧的弹性支撑一起构成三点式支撑。

（3）齿轮箱。除了直驱式风电机组，其他型式的风电机组都要应用齿轮箱。齿轮箱通过齿轮副进行动力传递。风电机组的齿轮箱种类很多，按照传统类型可分为圆柱齿轮箱、行星齿轮箱及其组合；按照传动的级数可分为单级齿轮箱和多级齿轮箱；按照传动的布置形式又可分为展开式齿轮箱、分流式齿轮箱、同轴式齿轮箱以及混合式齿轮箱等。

（4）联轴器。联轴器是一种通用元件，种类很多，用于传动轴的连接和动力传递。联轴器可以分为刚性联轴器和挠性联轴器两大类，挠性联轴器又分为无弹性元件联轴器、非金属弹性元件联轴器和金属弹性元件联轴器。刚性联轴器常用在对中性好的两个轴的连接；挠性联轴器用于连接对中性较差的两个轴，提供一个弹性环节，吸收轴系外部负载波动产生的振动。

2.1.3　并网控制原理

变速恒频风电机组的电气控制主要是指变流器的控制，通过变流器控制发电机的电磁转矩，实现对风轮转速的控制，进而实现变速恒频。本节分别以广泛使用的双馈风电机组和直驱风电机组为例，说明并网控制原理。

2.1.3.1 双馈风电机组

双馈风电机组的变速运行是建立在交流励磁变速恒频发电技术基础上的。交流励磁变速恒频发电是在异步发电机的转子中施加三相低频交流电流实现励磁，调节励磁电流的幅值、频率、相序，确保发电机输出功率恒频恒压，同时采用矢量变换控制技术，实现发电机有功功率、无功功率的独立调节。在变速恒频风力发电中，由于风能的不稳定，发电机转速不断变化，经常在20%～30%同步转速范围内波动。

双馈风电机组通过双 PWM 变流器（网侧变流器和机侧变流器）实现并网控制，其拓扑结构如图 2-8 所示。

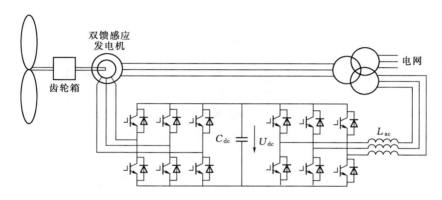

图 2-8 双馈风电机组双 PWM 变流器拓扑结构

双馈风电机组的控制普遍采用矢量控制技术。利用坐标变换建立的旋转坐标系下的数学模型，定子输出的有功功率和无功功率是耦合的，利用电流的前馈补偿，可以使有功功率和无功功率分别与 q 轴和 d 轴的电流成正比，从而实现定子、转子解耦，以及对有功功率和无功功率的解耦控制。

在运行控制过程中，两个变流器各司其职。其中，网侧变流器的主要作用有：①保证其良好的输入特性，即输入电流的波形接近正弦，谐波含量少，功率因数符合要求；②保证直流母线电压稳定，直流母线电压稳定是变流器正常工作的前提。

机侧变流器的主要作用有：①给双馈风电机组的转子提供励磁分量的电流，从而调节双馈风电机组定子侧发出的无功功率；②通过控制双馈风电机组转子转矩分量的电流控制双馈风电机组的转速或控制双馈风电机组定子侧发出的有功功率，从而使双馈风电机组运行在风轮的最大功率追踪曲线上，实现最大风能捕获。

2.1.3.2 直驱风电机组

直驱风电机组采用同步发电机，其转速和电网频率之间是刚性耦合的。随机变化的风能将给发电机输入变化的能量，不仅给风轮带来高负荷和冲击，而且不能以优化方式运行。

直驱风电机组的控制策略是基于机侧变流器定子电压定向的电流矢量控制，继而控制发电机的电磁转矩，从而控制风轮转速，追踪到最大功率曲线，保持风轮获得最佳的风功率。

直驱风电机组同样通过双 PWM 变流器实现并网控制，但其结构与双馈风电机组不同，如图 2-9 所示。

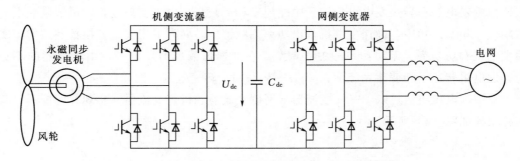

图 2-9　直驱风电机组双 PWM 变流器拓扑结构

机侧变流器采用转子磁链定向控制，把坐标系的 d 轴定向在转子磁链矢量上，与转子同步旋转。在 dq 旋转坐标系下，d 轴和 q 轴上的电压控制矢量是有耦合项的，通过在 d 轴、q 轴加入电流前馈补偿项，可实现完全解耦，继而达到有功功率和无功功率的解耦控制。实现内环电流控制和外环转速控制，使风轮工作在最优转速的运行条件下。

网侧变流器采用电网电压定向控制，在 dq 旋转坐标系下，以直流电压 U_{dc} 和网侧变流器与电网交换的无功功率 Q 为控制目标，采用电网电压定向的矢量控制方案，实现其解耦控制。

由于永磁发电机无需无功功率的特殊性，采取基于 dq 旋转坐标系的矢量控制法可达到对发电机转速的控制，同时实现功率因数的可控，整个系统的控制方法有利于风轮保持在最大功率追踪曲线上。控制过程的关键在于，变桨系统根据风轮情况对采集的风速信号及时做出调整，通过变流器的矢量控制及时调整转速保证机组维持在额定功率附近运行。

2.2　光伏发电

2.2.1　光伏发电系统类型

光伏发电利用太阳电池的光生伏打效应，即半导体由于吸收光子而产生电动势的现象，将太阳辐射能直接转换为电能，然后将发出的直流电经过电力电子变换装置（如逆变器等）转换为交流电。光伏发电系统主要包括光伏阵列和系统平衡（BOS）部件，如控制器、逆变器等。

按系统运行方式，光伏发电主要分为并网光伏发电系统和离网光伏发电系统。

2.2.1.1　并网光伏发电系统

并网光伏发电系统是指光伏阵列发出的直流电经过逆变器变换成交流电接入电网。根据光伏发电系统接入电网的方式，其可以分为集中式光伏发电系统和分布式光伏发电系统两类。

1. 集中式光伏发电系统

集中式光伏发电系统的主要特点是电站所发出的电能通过中高压线路被直接输送到大电网，由大电网统一调配向用户供电，如图 2-10 所示。

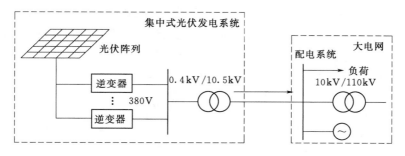

图 2-10　集中式光伏发电系统示意图

2. 分布式光伏发电系统

分布式光伏发电系统的主要特点是电站所发出的电能通过低压线路直接分配到用电负荷上，多余或不足的电能通过大电网来调节，如图 2-11 所示。

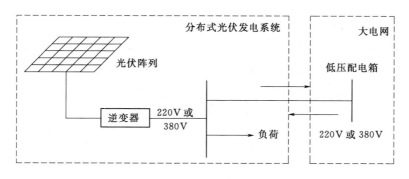

图 2-11　分布式光伏发电系统示意图

2.2.1.2　离网光伏发电系统

离网光伏发电系统也称为独立光伏发电系统，是一种完全依靠太阳电池供电的电源系统，光伏阵列受光照时发出的电力是唯一的能量来源。离网光伏发电系统主要由光伏组件、控制器、蓄电池组成，若要为交流负荷供电，还需要配置交流逆变器。根据用电负荷的特点和是否配置蓄电池，离网光伏发电系统又分为以下类型。

1. 无蓄电池的直流光伏发电系统

无蓄电池的直流光伏发电系统的特点是用电负荷为直流负荷，对负荷使用时间没有要求，负荷主要在白天使用。光伏阵列与用电负荷直接连接，如图 2-12 所示，有阳光时就发电供负荷工作，无阳光时就停止工作。系统不需要使用控制器，也没有蓄电池储能装置。该系统的优点是省去了能量通过控制器及在蓄电池的存储和释放过程中造成的损失，提高了太阳能的利用效率。最典型的应用是光伏水泵。

2. 有蓄电池的直流光伏发电系统

有蓄电池的直流光伏发电系统由光伏阵列、充放电控制器、蓄电池组以及直流负荷等组成，如图 2-13 所示。有阳光时，光伏阵列将光能转换为电能供负荷使用，并将多余电能存入蓄电池。夜间或阴雨天时，则由蓄电池组向负荷供电。该系统应用广泛，小到太阳能草坪灯、庭院灯，大到远离电网的移动通信基站、微波中转站及边远地区农村供电等。当系统容量和负荷功率较大时，就需要配备光伏阵列和蓄电池组。

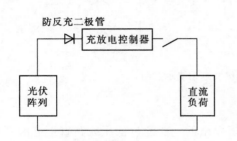

图 2-12　无蓄电池的直流光伏发电系统　　图 2-13　有蓄电池的直流光伏发电系统

3. 交流光伏发电系统

与直流光伏发电系统相比，交流光伏发电系统及交、直流混合光伏发电系统多了一个逆变器，用于把直流电转换成交流电，为交流负荷提供电能，如图 2-14 所示。

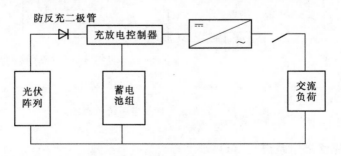

图 2-14　交流光伏发电系统

4. 交、直流混合光伏发电系统

交、直流混合光伏发电系统既能为直流负荷供电，也能为交流负荷供电，如图 2-15 所示。

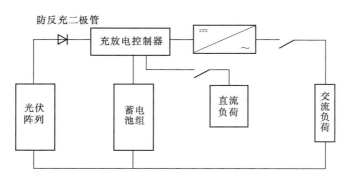

图 2-15　交、直流混合光伏发电系统

2.2.2　太阳电池的工作原理

2.2.2.1　太阳电池类型

太阳电池即光伏组件，是光伏发电的核心部件。提高太阳电池的光电转换效率并降低其生产成本是现阶段实现光伏发电向替代能源甚至主力能源过渡的主要途径和主攻目标。

太阳电池种类多样，按基体材料分为单晶硅太阳电池、多晶硅太阳电池、非晶硅太阳电池、纳晶硅太阳电池、化合物太阳电池、染料敏化太阳电池和有机半导体太阳电池；按结构分为同质结太阳电池、异质结太阳电池、肖特基结太阳电池、复合结太阳电池和液结太阳电池；按用途分为空间太阳电池和地面太阳电池；按工作方式分为平板太阳电池、聚光太阳电池和分光太阳电池。

晶体硅太阳电池是目前商业化最成熟的太阳电池，其中单晶硅电池转换效率高、稳定性好，但成本较高；多晶硅电池效率略低于单晶硅电池，但具有高性价比，已经取代单晶硅成为最主要的光伏材料。其他如化合物半导体太阳电池、染料敏化太阳电池、有机太阳电池等新型太阳电池也在研究中。

2.2.2.2　光电转换原理

光电转换的基本原理是光生伏打效应，本质上是光辐射和物质相互作用的一种电离辐射，是不均匀半导体或半导体与金属结合材料在光照作用下，其内部可以传导电流的载流子的分布状态和浓度发生变化，因而在不同的部位之间产生电位差的现象，如图 2-16 所示。PN 结两侧因多数载流子（N^+ 区中的电子和 P 区中的空穴）向对方的扩散而形成宽度很窄的空间电荷区 W，建立自建电场 E_i。它对两边多数载流子是势垒，阻挡其继续向对方扩散；但它对两边的少数载流子（N^+ 区中的空穴和 P 区中的电子）却有牵引作用，能把它们迅速拉到对方区域。稳定平衡时，少数载流子极少，难以构成电流并输出电能，但是，如图 2-16 所示，太阳电池受到光子的冲击，在电池内部产生大量处于非平衡状态的电子—空穴对，其中的光生非平衡少数载流子（即 N+ 区中的非平衡空穴和 P 区中的非平衡电子）可以被内建电场 E_i 牵引到对方区域，然后在太阳电池的 PN 结中产生光生电场 E_{pv}，当接通外电路时，即可流出电流，输出电能。当把众多这样小的太阳电池单元通过串并联的方式组合在一起，构成阵列，便会在太阳能的作用下输出功率足够大的电能。

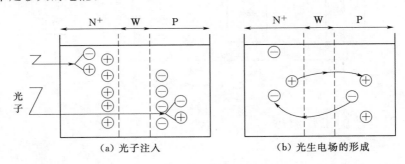

（a）光子注入　　　　　　　　　（b）光生电场的形成

图 2 - 16　光生伏打效应原理

2.2.2.3　太阳电池外特性

太阳电池的输出功率受光照强度、电池温度和外部负载等因素影响。当其他参量确定时，太阳电池的输出电流取决于其两端的电压。太阳电池典型的电流—电压曲线（I-U 曲线）和功率—电压曲线（P-U 曲线）如图 2 - 17 所示。I_{sc} 为短路电流，外电路处于短路（电阻为零）时的电流为电池所能产生的最大电流，此时外电路的电压为零，具体表现为 I-U 曲线在纵坐标上的截距；U_{oc} 为开路电压，电路处于开路（电阻为无穷大）时的电压为电池所能产生的最大电压，此时外电路的电流为零，具体表现为 I-U 曲线在横坐标上的截距；A 点为最大功率点，I_m 和 U_m 分别为最大功率点处的电流和电压。随着电池两端电压的上升，输出电流下降直至 0。其中，I_{sc} 和 U_{oc} 是两个广泛用来描述太阳电池特性的重要参数。一般情况下，生产厂商都会提供标准测试条件下（1000W/m², 25℃）太阳电池的 I_{sc} 和 U_{oc}。

2.2.3　逆变器的工作原理

2.2.3.1　逆变器类型

我国常用的光伏逆变器类型分为集中式光伏逆变器和组串式光伏逆变器。根据光伏逆变器是否并网，又可以分为并网光伏逆变器和离网光伏逆变器，其中并网型逆变器作为光伏发电系统与电网的接口，直接决定光伏发电系统的并网性能。并网型逆变器区别于离网型逆变器的一个重要特征是必须进行孤岛效应防护。

1. 集中式光伏逆变器

集中式光伏逆变器根据有无隔离变压器，并网型逆变器可分为隔离型和非隔离型

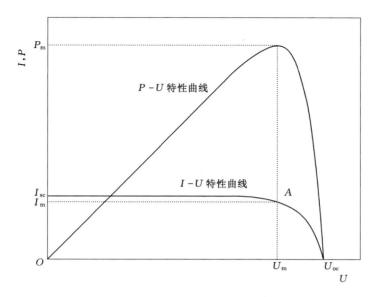

图 2-17 太阳电池的典型 I-U 和 P-U 特性曲线

等。隔离型逆变器根据隔离变压器的工作频率，又可分为工频隔离型和高频隔离型两类，拓扑结构如图 2-18 所示。工频隔离型是光伏并网逆变器最常用的结构，也是目前市场上使用最多的光伏逆变器类型。

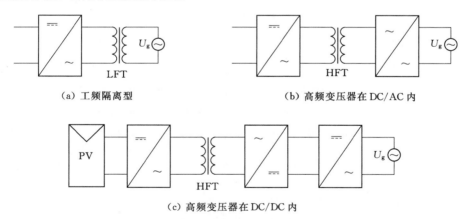

图 2-18 隔离型逆变器的拓扑结构

非隔离型逆变器按拓扑结构可以分为单级式和多级式两类，如图 2-19 所示。在单级非隔离型光伏并网逆变器系统中，光伏阵列只用一级能量变换就可以完成 DC/AC 并网逆变功能，通过逆变器直接耦合并网，因而逆变器工作在工频模式。在多级非隔离型光伏并网逆变器系统中，功率交换部分由 DC/DC 和 DC/AC 多级变换器级联组成，设计关键在于 DC/DC 变换器的电路拓扑选择，一般选用 Boost 变换器，有基本型、双模式和双重 Boost 光伏并网逆变器等。它能在不需要两组光伏阵列连接并交替工作的情况下，同时很好地实现最大功率跟踪（maximum power point tracking，MPPT）和并网逆变两个功能。随着光伏并网高效能技术的发展，无变压器的非隔离型并网逆变器越来越受到人们的关注，成为未来并网逆变器的发展方向。

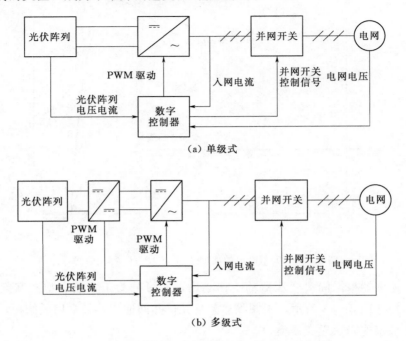

图 2-19　非隔离型逆变器的拓扑结构

2. 组串式光伏逆变器

根据光伏组串的连接数量，组串式逆变器可以分为单组串式逆变器和多组串式逆变器，如图 2-20 所示。大型光伏电站通常采用多组串式逆变器。多组串式逆变器一般包含 2~14 路组串，每路组串都有一个独立的直流变换电路实现 MPPT，功率等级范围为 5~80kW。组串式逆变器具备多路 MPPT，省去了直流汇流箱和逆变器室。

2.2.3.2　MPPT

太阳电池只有在某一输出电压时，输出功率才能达到最大，因此，调整光伏阵列，使其运行在最大功率点才能最大限度地将光能转化为电能。利用控制方法实现光伏阵列的最大功率运行的技术被称为 MPPT 技术。常见的 MPPT 控制方法有基于输出特性曲线的开环 MPPT 方法、扰动观察法（perturbation and observation method，P&O）、电导增量法（incremental

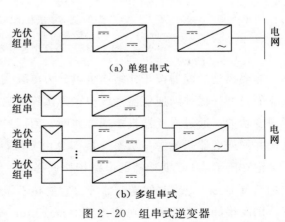

图 2-20　组串式逆变器

conductance，INC）和智能 MPPT 方法等。

1. 基于输出特性曲线的开环 MPPT 方法

从太阳电池的输出特性曲线的基本规律出发，通过简单的开环控制来实现 MPPT，包括恒定电压控制法、短路电流比例系数法等。

2. 扰动观察法

扰动光伏阵列的输出电压，判断扰动前后系统输出功率的变化情况，并按照使输出功率增加的原则来对系统进行控制，包括传统的定步长扰动观测法、改进的扰动观测法等。扰动观察法控制流程如图 2－21 所示。

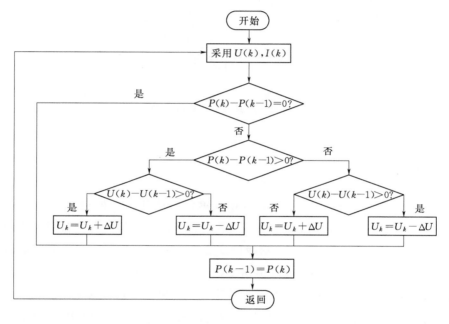

图 2－21 扰动观察法控制流程图

3. 电导增量法

依据太阳电池的 $P－U$ 曲线，在光强一定情况下仅存在一个最大功率点，最大功率点两边 dP/dU 符号相异且在最大功率点处 $dP/dU＝0$。通过简单的数学推导可以得出在最大功率点处：$dI/dU＝I/U$。将该式作为判定太阳电池是否工作在最大功率点的依据，并对光伏阵列电压进行相应的控制，即可以实现对最大功率点的跟踪。电导增量法的优点是控制效果好，控制稳定度高；当外部环境参数变化时，系统能平稳地追踪其变化，且与太阳电池的特性及参数无关。然而，电导增量法控制算法较复杂，对控制系统要求较高。电导增量法控制流程如图 2－22 所示。

4. 智能 MPPT 方法

近年来，人工智能如模糊逻辑控制、神经网络等都已经应用到了电气工程的各个领域，在光伏阵列 MPPT 方法中的应用也逐渐增多，包括模糊控制法、基于神经网络的

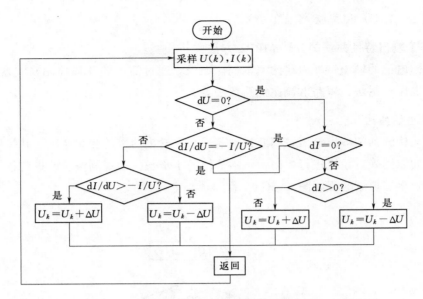

图 2 - 22　电导增量法控制流程图

MPPT 控制等。

2.2.3.3　并网控制

　　光伏并网逆变器存在单级式、多级式以及单相、三相等多种拓扑结构型式，但无论何种拓扑均具有并入交流电网的 DC/AC 单级逆变单元。一般具有两级变换的光伏并网逆变器，前级的 DC/DC 变换单元和后级的逆变单元之间均配置一个足够容量的直流滤波电容，该滤波电容在缓冲前、后级能量变化的同时，也起到前、后级控制上的解耦作用，因此可以对前后级分别进行研究。大功率光伏并网逆变器一般采用单级三相式拓扑结构，此时逆变单元需要在实现 MPPT 控制的同时，实现单位功率因数的正弦并网电流控制，甚至可以根据指令进行电网的无功功率调节。目前，光伏并网逆变器一般采用全控型开关器件进行 PWM 调制，称为 PWM 并网逆变器。PWM 并网逆变电路分为电压型和电流型两大类，目前研究和应用较多的是电压型 PWM 逆变电路。本节将以大功率单级式三相电压型 PWM 逆变电路为例，介绍光伏并网逆变器的控制策略，并对 MPPT 控制策略展开讨论。

　　单级式三相电压型光伏并网逆变器主电路如图 2 - 23 所示。典型的控制方法是通过电流矢量控制实现对输出有功功率、无功功率的控制。电流矢量控制的方法有多种，根据是否引入电流反馈可以分为间接电流控制和直接电流控制。

　　间接电流控制方法是根据并网控制给定的有功功率、无功功率指令以及电网电压矢量 E，计算出所需的输出电流矢量 I^*，考虑到 $U_L = j\omega LI$，计算出并网逆变器交流输出的电压矢量指令 U_i^*，即 $U_i^* = E + j\omega LI^*$，最后通过 SPWM 或 SVPWM 调制使桥臂输出所需的电压矢量，以此进行逆变器并网电流控制。间接电流控制方法无需电流检测和

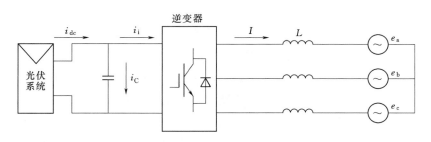

图 2-23 单级式三相电压型光伏并网逆变器主电路

反馈，控制简单，但也存在系统电流动态响应不够快，光伏并网电流波形品质难以保证，甚至交流侧电流中含有直流分量，且对系统参数波动较敏感的问题，通常适用于对动态响应要求不高且控制结构要求简单的应用场合，在大功率光伏系统中应用较少。

直接电流控制方法依据光伏并网系统的动态数学模型，根据计算出的电流指令，引入交流电流反馈，通过对交流电流的直接控制而使其跟踪指令电流值。该方法由于未使用电路参数，系统鲁棒性较好，获得了较多的应用。直接电流控制一般有滞环电流控制、固定开关频率控制、空间矢量控制、无差拍控制和重复控制等方法，可获得高品质的电流响应。

目前，在大功率光伏逆变器实际工程应用中，基于电网电压定向的矢量控制策略使用较多，控制系统如图 2-24 所示。基于电网电压定向的矢量控制是指以电网电压矢量进行定向，通过控制并网电流矢量与电网电压矢量之间的相角实现对输出功率因数的控制，即可控制并网逆变器输出的有功功率和无功功率大小。

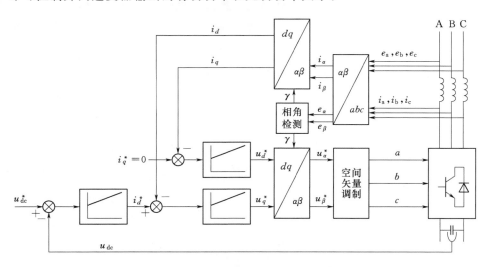

图 2-24 基于电网电压定向的矢量控制系统示意图

2.2.3.4 防孤岛保护

孤岛效应是指当电网由于电气故障、误操作或自然因素等原因中断供电时，并网光伏发电系统未能检测出停电状态而脱离电网，仍然继续向周围负荷供电，成为一个公共电网无法控制的自给供电孤岛。孤岛效应将严重威胁公共电网和孤岛内的运行设备，主要表现在：由于孤岛运行情况对于公用电网是不可控的，孤岛内的线路、设备仍然带电，可能对检修人员造成危险；影响电网自动装置、保护动作和重合闸；若是单相的光伏发电系统，孤岛运行还会造成三相不平衡供电；电网恢复时，由于孤岛的存在可能造成断路器两侧相位的不同步，引起大的合闸冲击电流；孤岛内供电电压和频率不稳定，电能质量无法保证，影响用电设备安全。因此，光伏并网逆变器必须具有防孤岛保护能力。大部分国家要求防孤岛保护动作时间不超过 2s。

　　常见的孤岛检测方法可分为无源法和有源法两大类。无源法的检测量包括电压、频率、相位突变、频率变化率、谐波畸变率、不平衡度、功率变化率和频率功率变化率等。无源法最突出的特点是对电能质量无影响，但存在孤岛检测盲区；有源法通过有源扰动或正反馈引发系统偏离正常稳定工作点从而实现孤岛检测，有源扰动量包括电流幅值、相位和频率，电流谐波，输出有功功率和无功功率等，有源法最突出的特点是可以减小或消除孤岛检测盲区，但其引入的有源扰动对电能质量会带来负面影响。

2.3　光热发电

2.3.1　光热发电的原理

　　光热发电主要利用大规模阵列镜面聚焦采集太阳直射光，通过加热介质，将太阳能转化为热能，然后利用传统的热力循环过程形成高温高压水蒸气推动汽轮机发电机组工作，达到发电的目的。光热发电涉及光、热、电之间的转换，包括光的捕获与转换过程、热量的吸收与传递过程、热量储存与交换过程、热电转换过程等，光热发电系统结构如图 2-25 所示。

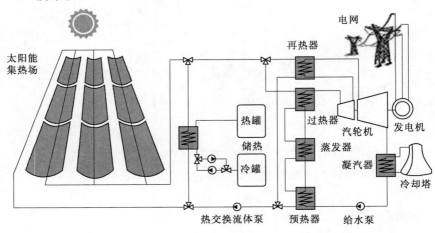

图 2-25　光热发电系统结构

光热发电产生的是和传统火电一样的交流电,与现有电网匹配性好,可直接上网。为弥补发电的间歇性,光热发电需要配置储热系统。白天,光热发电站的集热系统直接驱动汽轮机发电,同时把部分热量储存在储热系统中;晚上,再利用储热发电。

2.3.2 光热发电的类型

按太阳能采集方式划分,世界上主流的光热发电技术形式有槽式、线性菲涅尔式、塔式和碟式。

2.3.2.1 槽式与线性菲涅尔式光热发电

槽式光热发电系统主要由数百行抛物面聚光槽、真空集热管构成的太阳能集热场,以及一套传统的汽轮发电机组组成,如图 2-26 所示。抛物面聚光槽通过单轴跟踪装置将太阳光准确反射到焦线处的真空集热管上,将管内传热介质加热,然后高温传热介质通过热交换器产生高温高压蒸汽驱动汽轮发电机组发电。槽式光热发电系统还可配置储热系统,通过储热介质将太阳能以热能的形式储存起来,需要时再释放热量用于发电。

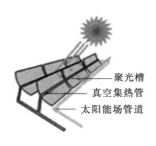

聚光槽
真空集热管
太阳能场管道

图 2-26 槽式光热发电系统

线性菲涅尔式光热发电系统是在槽式光热发电系统的基础上发展起来的。它与槽式光热发电系统的不同之处在于:

(1) 线性菲涅尔式光热发电系统的镜面是平面,且镜面较小,与槽式的曲面镜相比,易加工,成本较低。

(2) 线性菲涅尔式光热发电系统的每面镜条都自动跟踪太阳,相互之间可用联动控制,控制成本比槽式光热发电系统低。

(3) 线性菲涅尔式光热发电系统采用紧凑密排的方式,镜场之间的光线遮挡较小,场地利用率高。

(4) 线性菲涅尔式光热发电系统不但可聚集直射光,还可以聚集部分散射光,聚光比高于相同场地的槽式光热发电系统,一般为 50~100。

2.3.2.2 塔式光热发电

塔式光热发电系统包括定日镜、中央集热塔、储热系统以及汽轮发电机组等部分,如图 2-27 所示。定日镜分布安装在中央集热塔周围，系统通过对定日镜的控制，实现对太阳的最佳跟踪，将太阳光聚焦到中央集热塔顶的吸收器，在其腔体内产生高温，使传热介质受热升温，进入蒸汽发生器产生蒸汽，最终驱动汽轮发电机组进行发电。塔式光热发电系统可以用水、空气或熔融盐作为传热介质。塔式光热发电系统也可配置储热系统。

中央集热塔

定日镜

图 2-27　塔式光热发电系统

2.3.2.3　碟式光热发电

碟式光热发电系统由碟形反射镜、接收器和发电机组成，如图 2-28 所示。利用旋转抛物面的碟式反射镜将太阳光聚焦到一个焦点，接收器在抛物面的焦点上，接收器内的传热介质被加热到高温，驱动热机运转，并带动发电机发电，一般在焦点处安装斯特林发电机。和槽式光热发电系统一样，碟式光热发电系统的太阳能接收器也不固定，随着碟形反射镜跟踪太阳的运动而运动，克服了塔式光热发电系统较大余弦效应引起的损失问题，光热转换效率大大提高。和槽式光热发电系统不同的是，碟形反射镜将太阳聚焦于旋转抛物面的焦点上，而槽式反射镜则将太阳聚焦于圆柱抛物面的焦线上。

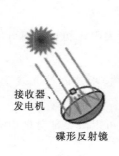

接收器、
发电机

碟形反射镜

图 2-28　碟式光热发电系统

上述 3 种光热发电系统各有优缺点，其主要的性能参数比较见表 2-1。

表 2-1　　　　　　　　　　　　3 种光热发电系统的性能参数比较

项　目	槽式光热发电系统	塔式光热发电系统	碟式光热发电系统
运行温度/℃	350~600	500~1100	700~1400
年容量因子/%	23~50	20~77	25
峰值发电效率/%	20	23	>25
年均发电效率/%	11~16	7~20	12~25
建设成本/(元·W^{-1})	19~32	25~56	93~130
发电成本/[元·(kW·h)$^{-1}$]	1.3~1.9	1.4~1.9	0.8~1.1
技术开发风险	低	中	高
技术现状	商业化	商业化	示范
应用	大规模开发	大规模开发	分布式供电
优点	跟踪系统结构简单；使用材料最少；占地相对较少	转换效率高；可高温储热	很高的转换效率；可模块化
缺点	只能产生中温蒸汽，转换效率较低；真空管技术有待提高	跟踪系统复杂，占地面积较大；投资和运营费用高	使用斯特林发电机，技术尚不成熟，成本高

2.3.3　光热发电系统的构成

光热发电系统由聚光系统、集热系统、储热系统和发电系统等组成。

2.3.3.1　聚光系统

聚光系统是影响聚光效率的关键部件。太阳并非一个点光源，而是有一定直径的盘面，太阳光到达地球时的张角约为 0.54°，近似于平行光。如果入射光是严格的平行光，将被抛物面聚光器聚焦成一条几何意义的光线。因盘面效应的影响，实际聚焦形成的是一条光斑带，其宽度随聚光器焦距的增大而增大，且实际光斑和理想聚焦成像光斑之间还存在像差。聚光器主要有槽式、塔式和碟式等不同形式，收集太阳能对聚光器的精度要求很高。

抛物槽式聚光系统的光学结构简单，需要设计的几何参数包括聚光镜口径、焦距、边缘角等，在设计中需要考虑的性能参数包括聚光比、光斑溢出损失等。槽式聚光镜经过了几代的发展，其口径、焦距、边缘角等参数不断加大。早期 LIEBI 的口径为 0.56m，焦距为 0.24m；目前 RP4 的口径为 6.78m，焦距为 1.71m。槽式聚光镜尺寸演变如图 2-29 所示。利用光学设计软件如 Zemax、Tracepro、ASAP 等可对抛物槽式聚光系统进行建模，并借助 MATLAB 对聚光系统进行蒙特卡罗光线追迹，分析聚光系统的光学性能，最终确定聚光结构。抛物柱面聚光镜目前多采用 4mm 厚的热弯玻璃并在背面镀银反射膜及多层保护膜，也可在基底材料上粘贴薄玻璃反射镜或高反射耐候性薄膜。

碟式聚光系统的光学结构简单，设计方法与槽式聚光系统相似。聚光镜的制作关键

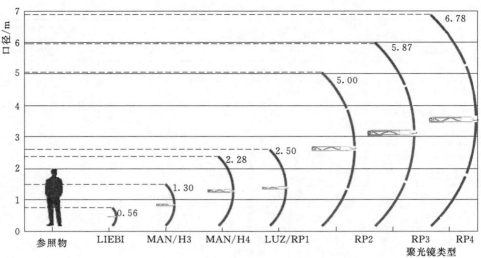

图 2-29　槽式聚光镜尺寸演变图
(来源：德国 Flabeg 公司)

在于面形精度的控制。制作方法主要有两种：一种是采用小尺寸的曲面镜进行拼接；另一种是在基底材料上粘贴薄的镀银玻璃反射镜或高反射耐候性薄膜。

塔式聚光系统利用定日镜群，将阳光聚焦到位于高塔上的集热器。其光学结构比较复杂，在设计中需要考虑定日镜和镜场两部分。定日镜的面形有平面和曲面两种，平面定日镜加工装调简单，成本低，由于对光线无汇聚作用，定日镜尺寸一般较小，以保证较小的镜场光斑。曲面定日镜加工装调较困难，成本高，但聚光性能较好，定日镜可以做得很大。定日镜的光学设计主要在于面形设计，可采用光学设计软件如 Zemax，设计过程比较简单。在聚光过程中阳光的入射角变化范围较大，球面或其他旋转曲面存在较大的像散，致使定日镜的光斑较大，不利于吸热器的接收。采用可校正像散的轮胎面聚光镜可减小光斑的变化，提高聚光性能，但缺点是加工装调比较困难，制作工艺还需验证。目前，平面定日镜多采用厚 4mm 的镀银玻璃反射镜，曲面定日镜则在曲面基底上粘贴薄的镀银玻璃反射镜或反射膜，曲面基底材料可以是玻璃钢或不锈钢等。镜场设计是通过优化镜场的结构参数，设计出成本低、年聚光效率高的镜场布置，设计过程比较复杂，需要编制专用的设计软件。镜场的结构参数包括地理纬度、定日镜尺寸及数量、定日镜的布置方式及间距、吸热器位置及倾斜角度等，需要在设计中考虑的性能参数包括镜场的余弦效率、相邻定日镜间的阴影挡光损失、大气对会聚光束的吸收散射损失、光斑在吸热器上的溢出损失等。镜场的设计软件主要有 HELIOS、DELSOL3、HFLCAL、WinDELSOL1.0、SENSOL 等，国内的镜场优化设计软件有 HFLD1.0，已用于北京延庆 1MW 塔式电站的镜场设计与性能分析中。

抛物面聚光器只能收集直射光线，利用跟踪装置可以使系统截获更多的太阳辐射。用于光热发电的跟踪方式按照入射光和主光轴的位置关系可分为双轴跟踪和单轴跟踪。双轴跟踪是根据太阳高度和赤纬角的变化情况而设计的,它具有最理想的光学性能,是最好的跟踪方式,能够使入射光与主光轴方向一致,获得最多的太阳能。但此种设备结构复杂,制造和维修成本高,性价比不如单轴跟踪好。单轴跟踪型只要求入射光线位于含有主光轴和焦线的平面,且结构简单,实际生产中在跟踪精度要求不高或阳光充裕的地方一般优先考虑单轴跟踪。按焦线位置的不同,单轴跟踪分为南北地轴式、南北水平式和东西水平式3种。总之,采用何种方式是一个性价比问题,要根据实际应用来选择不同的跟踪方式。一般的槽式热电系统都采用单轴跟踪方式使抛物面对称平面围绕南北方向的纵轴转动,与太阳照射方向始终保持0.04°夹角,以便在任何情况下都能有效反射太阳光。虽然对太阳光跟踪系统的研究已经进行了几十年,然而目前的聚光跟踪系统仍存在结构复杂、跟踪成本高、聚光效率低的问题。3种光热发电技术的聚光系统见表2-2。

表 2-2　　　　　　　　　　3 种光热发电技术的聚光系统

项目	槽式聚光系统	塔式聚光系统	碟式聚光系统
聚焦方式	线聚焦	点聚焦	点聚焦
聚光比	25～100	300～1000	1000～3000
跟踪方式	单轴、同步	双轴/方位角+仰角、独立	双轴/方位角+仰角
聚光效率	焦距短、镜面和焦点相对位置固定,效率高	焦距长,现有跟踪方式像散严重,效率低	焦距短、镜面和焦点相对位置固定,效率高

2.3.3.2　集热系统

集热系统是影响热吸收效率的关键部件。目前用于光热发电的集热系统主要有真空集热管和腔体吸收器两种。

真空集热管由一根表面有选择性吸收涂层的金属管(吸收管),以及外套的一根同心玻璃套管组成,如图2-30所示。玻璃套管与金属管(通过可伐过渡)密封连接;玻璃套管与金属管夹层内抽真空,以保护金属管表面的选择性吸收涂层,同时减少集热损失。真空集热管主要用于短焦距抛物面聚光器,能够增大吸收面积,降低光照面上的热流密度,从而有效减少热损失。

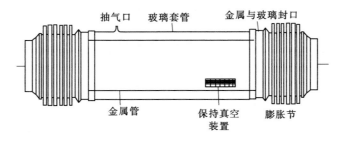

图 2-30　真空集热管

腔体吸收器的结构为一槽形腔体,外表面覆隔热材料,利用腔体的黑体效应,可充分吸收聚焦后的阳光。与真空集热管相比，腔体吸收器具有较低的直射能流密度，且腔体壁温较均匀，热性能稳定，集热效率高，无需光学选择性涂层，只需传统的材料和加工工艺，成本低且便于维护。但光学效用不如真空集热管好，在太阳能的中、低温利用中，两者的效率有一个相交值，腔体吸收器适合于中、高温工况下运行。

在选择集热系统时要根据具体情况选择不同类型的集热装置。

2.3.3.3 储热系统

储热系统可分为热罐—冷罐双罐储热方式和斜温层单罐储热方式两种，其中双罐储热是目前技术上较成熟的储热方式；单罐储热结构较复杂，但可以降低系统的储热成本。在光热发电系统中应用的储热材料有空气、水/水蒸气、油/岩石、合金、导热油、熔融盐、陶瓷、混凝土等。下面以熔融盐、高温混凝土、合金为例加以说明。

1. 熔融盐

熔融盐的熔点符合热动力循环温度要求，具有较低的饱和蒸汽压，价格相对低廉且易获得，是一种理想的蓄热材料，不管是槽式光热发电还是塔式光热发电，熔融盐蓄热技术都被看作是一种先进的蓄热技术，它对于提高系统发电效率，提高系统发电稳定性和可靠性具有重要意义。与导热油（使用温度不超过 400℃）相比，熔融盐的温度极限可以为 450~600℃，有利于提高发电效率和降低成本。熔融盐的选取原则主要有：熔融盐的凝固点要低，运动黏度要合适，高温时（500℃）化学性能稳定，对容器的腐蚀小、成本低。一般锂盐的成本最高，其次是钾盐，再次是钠盐，最低的是钙盐。

目前应用于光热发电系统的熔融盐也存在不少缺点，主要是凝固点高，容易凝固阻塞管道，维护成本较高。熔融盐的腐蚀性和高温下的化学稳定性也是其应用于集中式光热发电系统的限制因素。

2. 高温混凝土

高温混凝土储热系统的概念是 1988—1992 年提出的，直到 1994 年德国宇航中心（DLR）在太阳能与氢能研究中心（ZSW）才完成了 2 个小型实验系统的测试。2003—2004 年完成第一代高温混凝土储能系统的测试，2008—2009 年完成第二代高温混凝土储能系统的测试。表 2-3 为 DLR 研制的高温混凝土与浇铸陶瓷的性能。

表 2-3　　　　　　　　DLR 研制的高温混凝土与浇铸陶瓷的性能

材　　料	高温混凝土	浇铸陶瓷
密度/$(kg \cdot m^{-1})$	2750	3500
350℃时比热容/$[J \cdot (kg \cdot K)^{-1}]$	916	866
350℃时导热系数/$[W \cdot (m \cdot K)^{-1}]$	1.0	1.35
热膨胀系数/$(10^{-6} \cdot K^{-1})$	9.3	11.8
材料强度	高	低
初始时的裂缝	少数	基本没有

高温混凝土的不足之处在于，由于其是显热固体储热，其储热密度和导热系数较小，系统占地面积较大。

3. 合金

Al‑Si合金相变储热材料有储能密度大、储热温度高、热稳定性好、导热系数好、相变时过冷度小、相偏析小、性价比良好等特点。Al‑Si合金的一些热物理性能可参考如下参数：熔点852K、熔融潜热515kJ/kg、固相比热容1.49kJ/(kg·K)、液相导热系数70W/(m·K)、固相导热系数180W/(m·K)、固相密度2250kg/m³（Si的质量分数不同，数值将不同）。其他一些金属合金的熔点和潜热见表2‑4。

表2‑4 一些金属合金的熔点和潜热

合金/%	熔点/℃	潜热/(J·g⁻¹)
46.3Mg～53.7Zn	340	185
96Zn～4Al	381	138
34.65Mg～65.35Al	497	285
60.8Al～33.2Cu～6.0Mg	506	365
64.1Al～5.2Si～28Cu～2.2Mg	507	374
68.5Al～5.0Si～26.5Cu	525	364
66.92Al～33.08Cu	548	372
83.14Al～11.7Si～5.16Mg	555	485
87.76Al～12.24Si	557	498
46.3Al～4.6Si～49.1Cu	571	406
86.4Al～9.4Si～4.2Sb	471	471

综上，导热油成本较高，储热温度低于420℃，但对管道、阀门、泵设施要求低；熔融盐成本低，储热温度可达560℃，但具有腐蚀性，对辅助设施要求高，增加了系统的成本；混凝土价格最低，储热密度较高，但放热缓慢，热交换系数低；合金储能密度大，相应的储热设备体积小，但也存在高温腐蚀严重的问题。因此，需降低储热介质和系统成本，改善材料的导热、换热效率、稳定性等物性参数，提高材料的储热和放热性能。

2.3.3.4 发电系统

光热发电所用汽轮发电机组因其能量源于具有间歇性、波动性的太阳能，其性能要求稍高于传统汽轮发电机组。首先，目前大多数光热电站还未实现全天24h持续发电，一般汽轮发电机组在每天早晨开始启动运转，到晚间无热源时关停或通过其他燃料补燃进行低负荷运转。为此，光热发电用汽轮发电机组需满足每天至少一次的频繁启动要求，并尽可能地缩短每次启动的时间，以在有限发电小时数内更快速地达到额定发电功率，获得更多发电量。此外，太阳光照资源波动性直接影响蒸汽的各项参数，汽轮发机组还需要适应这种频繁的工质参数变化。综上，光热发电用汽轮发电机组的特点是：热启动迅速，可靠性高，启动频率满足每天至少启动一次，使用寿命超过 30 年。

参 考 文 献

[1] 张兴，曹仁贤，等．太阳能光伏并网发电及其逆变控制 [M]．北京：机械工业出版社，2011．
[2] 王长贵，崔容强，周篁，等．新能源发电技术 [M]．北京：中国电力出版社，2003．
[3] Tony Burton，等．风能技术 [M]．武鑫，等，译．北京：科学出版社，2007．
[4] Tony Burton，David Sharpe，Nick Jenkins，et al. Wind Energy [M]．The USA：John Wiley & Sons Ltd.，2005．
[5] 鞠平，吴峰，金宇清，等．可再生能源发电系统的建模与控制 [M]．北京：科学出版社，2014．
[6] 黄素逸，黄树红，等．太阳能热发电原理及技术 [M]．北京：中国电力出版社，2012．
[7] 王军，张耀明，王俊毅，等．槽式太阳能热发电中的真空集热管 [J]．太阳能，2007 (5)：24-28．
[8] 李石栋，张仁元，李风，等．储热材料在聚光太阳能热发电中的研究进展 [J]．材料导报，2010，24 (11)：51-55．

第3章 风电机组建模技术

国内外均非常重视风电机组的建模工作,GE 公司率先发布了针对其风电机组系列产品的稳定分析模型。随后,IEC、IEEE、WECC 陆续成立了建模工作组,针对 4 种典型风电机组提出了动态模型结构,即Ⅰ型(直接与电网连接的传统感应电机)、Ⅱ型(转子电阻可调的绕线式感应电机)、Ⅲ型(双馈感应电机)和Ⅳ型(通过全换流器与电网相连的发电机,可为感应电机或同步电机)风力发电机,这 4 种模型均考虑了变流器、网侧控制器及发电机定子和转子动态过程,属于详细建模。与详细模型相比,"通用"模型忽略了变流器、网侧控制器以及发电机定子和转子动态。近年来,WECC 联合美国电科院(EPRI)、GE 公司和 Siemens 公司不断开展现场测试,验证和完善所提出的相关模型,以受控电流源作为并网接口,并将这些模型固化于 PSLF(Positive Load Flow Program)和 PSS/E(Power System Simulator/Engineering)等软件中。此外,DIgSILENT 公司在其开发的 PowerFactory 软件中以静态发电机替代电源及电力电子变换器作为并网接口,通过控制静态发电机有功电流和无功电流的参考值,实现对新能源发电系统的有功功率和无功功率控制。国内的 PSASP 软件参考 WECC 风电机组模型,PSD - BPA 软件综合 GE 公司等多家机构的风电机组模型,分别建立了用于机电暂态分析的风电机组模型,并在不断地丰富、完善。

本章首先介绍风电机组的模型结构,然后介绍风轮模型,接着主要介绍国内外广泛应用的典型风电机组(双馈风电机组和全功率永磁风电机组)及其控制系统模型,最后介绍 IEC 和 WECC 等机构和组织推荐的通用比模型,并分析其发展趋势。

3.1 风电机组的模型结构

3.1.1 双馈风电机组

双馈风电机组的典型控制结构如图 3-1 所示,主要由两个相对独立又紧密关联的部分构成,分别为机械控制部分与电气控制部分。图中,v_w 为风速,β 为桨距角,β_{ref} 为桨距角参考值,T_r 为风轮机械转矩,T_g 为发电机转子电磁转矩,ω_r 为风轮转速,ω_g 为发电机转速,I_r 为转子侧电流,I_{ac} 为网侧电流测量值,PWM 为脉宽调制,U_{dc} 为直流侧电压,U_{dc}^{ref} 为直流侧电压参考值,P_0^{ref} 为有功功率调度值,P_g 为有功功率测量值，Q_g 为无功功率测量值，P_g^{ref} 为有功功率参考值，Q_g^{ref} 为无功功率参考值。

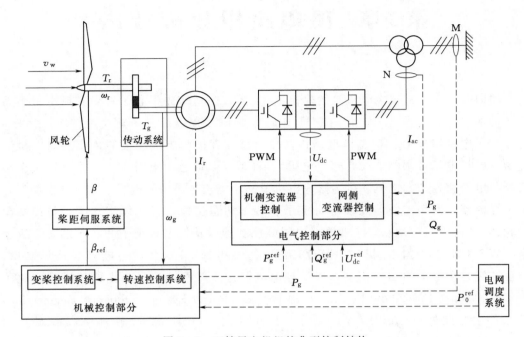

图 3-1　双馈风电机组的典型控制结构

机械控制部分主要包括风轮、变桨控制系统、转速控制系统和传动系统。变桨控制系统根据发电机转速和电磁功率计算得到桨距角参考值 β_{ref}，由桨距伺服系统实现桨距调节；转速控制系统根据双馈风电机组发出的有功功率 P_g 获取转子最优转速，进而得到双馈风电机组的有功功率参考值 P_g^{ref}。

电气控制部分主要包括机侧变流器控制和网侧变流器控制，两者均能实现有功和无功功率的解耦控制，机侧变流器控制发电机实现变速控制，网侧变流器控制转子与电网的有功和无功功率交换。与机械控制相比，电气控制动态响应较快，具有较小的时间常数。

3.1.2　全功率永磁风电机组

全功率永磁风电机组的典型控制结构如图 3-2 所示，主要由机械控制部分与电气控制部分构成。

与双馈风电机组相同，机械控制部分主要包括风轮、变桨控制系统、转速控制系统和传动系统；电气控制部分主要包括机侧变流器控制和网侧变流器控制。

与双馈风电机组不同的是，全功率永磁风电机组通过全功率变流器连接于电网，发电机与电网之间经直流隔离，机侧变流器无功功率无法馈入电网，因而全功率永磁同步电机由网侧变流器提供无功功率。

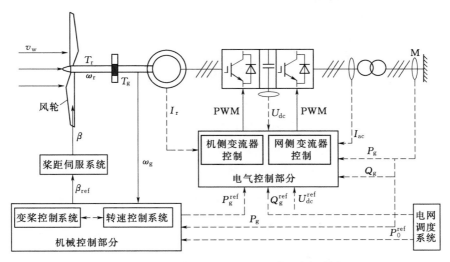

图 3-2 全功率永磁风电机组的典型控制结构

3.2 风轮模型

风轮的基本功能是利用叶片接受风能，将其转换成机械能，再通过传动系统将能量传送至发电机。风轮模型主要包括风能利用模型、转速控制系统模型、变桨控制系统模型和传动系统模型。本节主要介绍转速控制系统模型、变桨控制系统模型和传动系统模型。

3.2.1 转速控制系统模型

由风电机组的空气动力学模型可知，对于给定的叶片桨距角 β，不同的叶尖速比 λ 所对应的 C_P 值相差较大，有且仅有一个固定的 λ_{opt} 即最优叶尖速比能使 C_P 达到最大值 $C_{P,max}$，再由 $\lambda = R\omega_{tur}/v_w$ 可得，在风速不断变化的情况下要保持 $\lambda = \lambda_{opt}$，必须使 ω_{tur} 随着风速按照一定的比例 $K_{opt} = \lambda_{opt}/R$ 变化，只有在这种运行方式下才能保证风轮捕获的风能最大、效率最高。变速风电机组在风速低于额定风速时通过转速控制系统变速运行以获得最大的风能，具体实现如图 3-3 所示。首先，将风电机组最优功率曲线拟合为发电机转速 ω 与功率 P 的多项表达式，进而得到发电机转速与功率的对应关系；其次，由风电机组发出的实际有功功率反推得到对应的最优转速，与发电机转速的实测值共同输入转速控制器，得到实际转速与最优转速的偏差值；最后，经 PI 调节后得到最优功

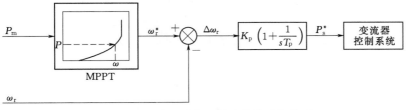

图 3-3 双馈风电机组转速控制系统模型

率参考值输入变流器控制系统。

3.2.2 变桨控制系统模型

变桨控制系统通过控制风轮叶片角度改变叶片相对于风速的攻角，从而改变风轮从风中捕获的风能。桨距角控制在不同的情况下采用不同的策略。

（1）风电机组功率输出优化。在风速低于额定风速时，桨距角控制用于风电机组功率的寻优，目的是在给定风速下使风电机组发出尽可能多的电能。

（2）风电机组功率输出限制。在风速超出额定风速时，利用桨距角限制风电机组机械功率不超出其额定功率，同时保护风电机组机械结构不过载，从而避免风电机组机械损坏的危险。

变桨控制方法包括基于转速反馈的变桨控制、基于功率反馈的变桨控制以及两者结合的变桨控制，如图 3-4 所示。

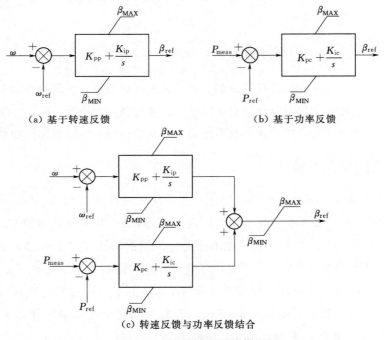

（a）基于转速反馈　　　　　　　　　　（b）基于功率反馈

（c）转速反馈与功率反馈结合

图 3-4　变桨控制系统模型

基于转速反馈的变桨控制，根据发电机的转速测量值和参考值的偏差经 PI 调节后产生桨距角参考指令 β_{ref}；基于功率反馈的变桨控制，根据风电机组有功功率测量值 P_{meas} 与参考值 P_{ref} 的偏差经过 PI 调节器产生桨距角参考指令；转速反馈和功率反馈结合的变桨控制方案可以同时保障转速和功率不超限，因而推荐采用转速反馈和功率反馈结合的变桨控制方案。

桨距角调节是由液压或电动机驱动的伺服系统实现，是一种较为复杂的非线性系统，其闭环特性可视作带有限幅（β_{MAX}、β_{MIN}）和限速环节 $\left(\dfrac{\text{d}\beta}{\text{d}t}^{\text{MAX}}、\dfrac{\text{d}\beta}{\text{d}t}^{\text{MIN}}\right)$ 的一阶动态系

统，在其线性运行区域，变桨控制系统的一阶动态模型为

$$\frac{\mathrm{d}\beta}{\mathrm{d}t}=\frac{1}{T_{\mathrm{SEVRO}}}\ (\beta_{\mathrm{ref}}-\beta) \tag{3-1}$$

式中　T_{SEVRO}——伺服时间常数。

伺服系统模型实现如图 3-5 所示。

3.2.3　传动系统模型

稳态运行时，变速风电机组采用合适的控制策略实现机械部分与电气部分的解耦，通过变流器滤除轴系扭振，其输出的功率中由轴系扭振导致的谐波几乎无法察觉。但是，当电网上出现严重故障时，例如严重的短路故障，其轴系扭振需通过发电机与风轮质块惯量的详细模型才能模拟。

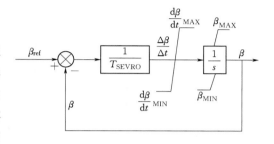

图 3-5　伺服系统模型实现

根据不同的分析目的，可采用单质块、两质块或三质块建立传动系统模型，三质块模型应用相对较少，本节只介绍单质块轴系模型或两质块轴系模型。

3.2.3.1　单质块轴系模型

单质块轴系模型假设风轮到发电机之间的传动轴都是刚性的，即忽略风轮和发电机之间转轴的摩擦和扭转，示意如图 3-6 所示。

数学表达式为

$$2H\frac{\mathrm{d}\omega_{\mathrm{w}}}{\mathrm{d}t}=T_{\mathrm{m}}-T_{\mathrm{e}} \tag{3-2}$$

式中　H——风轮和发电机的合成系统惯性时间常数，s；

　　　T_{m}——风轮机械转矩；

　　　T_{e}——发电机电磁转矩。

需强调的是，对风轮和发电机系统进行标幺化处理后，风轮与发电机的转速是相等的，即 $\omega_{\mathrm{w}}=\omega_{\mathrm{g}}$。

由式（3-2）得到单质块轴系模型如图 3-7 所示。

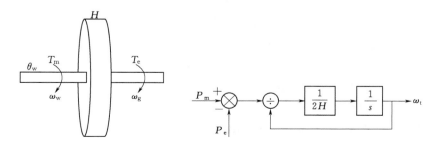

图 3-6　单质块轴系模型示意图　　　图 3-7　单质块轴系模型

3.2.3.2 两质块轴系模型

两质块轴系模型考虑了风轮转轴（低速轴）的柔性和阻尼特性，而发电机转轴（高速轴）则认为是刚性的，示意如图 3-8 所示。图中，θ_w 为风轮转子角位移，rad；θ_g 为发电机转子角位移，rad。

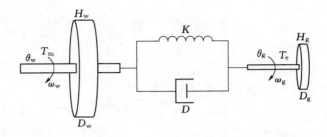

图 3-8 两质块轴系模型示意图

在两质块轴系的运动方程中，分别用风轮的阻尼系数 D_w 与发电机的阻尼系数 D_g 表示两质块的黏性摩擦，数学表达式为

$$\begin{cases} 2H_w \dfrac{\mathrm{d}\omega_w}{\mathrm{d}t} = T_m - D_w\omega_w - K\theta_s \\[2mm] 2H_g \dfrac{\mathrm{d}\omega_g}{\mathrm{d}t} = -T_g - D_g\omega_g + K\theta_s \\[2mm] \dfrac{\mathrm{d}\theta_s}{\mathrm{d}t} = \omega_s(\omega_w - \omega_g) \\[2mm] \theta_s = \omega_w - \omega_g \end{cases} \tag{3-3}$$

式中 H_w——风轮惯性时间常数，s；

　　　H_g——发电机惯性时间常数，s；

　　　K——轴系的刚度系数，$\mathrm{kg \cdot m^2/s^2}$；

　　　D_w——风轮转子阻尼系数，$\mathrm{N \cdot m/rad}$；

　　　D_g——发电机转子阻尼系数，$\mathrm{N \cdot m/rad}$；

　　　θ_s——两质量块之间相对位移，rad；

　　　T_m——风轮机械转矩，$\mathrm{N \cdot m^3}$；

　　　T_g——发电机电磁转矩，$\mathrm{N \cdot m^3}$；

　　　ω_w——风轮转速，rad/s；

　　　ω_g——发电机转子转速，rad/s；

　　　ω_s——同步转速，rad/s。

由式（3-3）得到两质块轴系模型如图 3-9 所示。

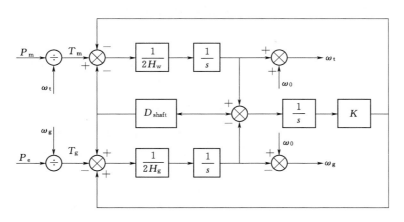

图 3 - 9　两质块轴系模型

3.3　双馈风电机组及其控制系统模型

3.3.1　双馈风电机组能量传递

双馈感应发电机的 T 型等值电路如图 3 - 10 所示。

s 表示双馈感应发电机的转差率，定义为

$$s = \frac{\omega_s - \omega_g}{\omega_s} \qquad (3 - 4)$$

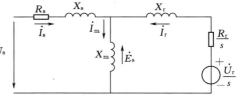

图 3 - 10　双馈感应发电机 T 型等值电路

双馈感应发电机的端电压可表示为

$$\begin{cases} \dot{U}_s = R_s \dot{I}_s + jX_s \dot{I}_s + jX_m (\dot{I}_s + \dot{I}_r) \\ \dfrac{\dot{U}_r}{s} = \dfrac{R_r}{s} \dot{I}_r + jX_r \dot{I}_r + jX_m (\dot{I}_s + \dot{I}_r) \end{cases} \qquad (3 - 5)$$

式中　$\dot{U}_s$——定子电压；

$\quad\quad\dot{I}_s$——定子电流；

$\quad\quad\dot{U}_r$——转子电压；

$\quad\quad\dot{I}_r$——转子电流；

$\quad\quad X_m$——励磁电抗；

$\quad\quad X_s$——定子电抗；

$\quad\quad X_r$——转子电抗。

由发电机定子绕组电压关系可得电磁功率 P_e 为

$$P_e = \mathrm{Re}\ (jX_m \dot{I}_r \dot{I}_s^*)\ = U_s I_s \cos\varphi_s - R_s I_s^2 = P_s - P_{cu} \qquad (3 - 6)$$

以发电机惯例规定正方向，同时忽略铜耗 P_{Cu}，根据式（3-6）可得双馈感应发电机定子侧输出功率与电磁功率的关系为

$$P_e = P_s \tag{3-7}$$

同理可得，忽略铜耗情况下的双馈感应发电机转子侧输出功率与电磁功率的关系为

$$sP_e = P_r \tag{3-8}$$

稳态运行时，双馈风电机组的定子和转子都可以向电网馈电，其中定子绕组端口功率单相流动，转子绕组端口的功率根据发电机运行时转差率的不同实现功率双向流动。根据运行时的转差率可将双馈风电机组分为超同步运行（$s<0$）和次同步运行（$0<s<1$）模式，两种模式下双馈风电机组的能量传递关系如图 3-11 所示。

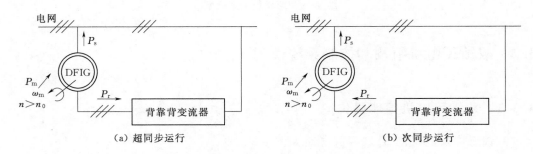

（a）超同步运行　　　　　　　　　　　　　　（b）次同步运行

图 3-11　双馈风电机组的能量传递关系

3.3.2　机侧变流器控制

双馈感应发电机是一个高阶、多变量、非线性、强耦合的机电系统，采用传统的标量控制技术无论在控制精度还是动态性能上远不能达到要求。为了实现双馈感应发电机的高性能控制，采用矢量控制技术控制风电机组的转速和端电压，并实现有功、无功解耦控制。基于定子电压定向的双馈风电机组机侧变流器控制中，将同步旋转的参考坐标系 d 轴与定子电压矢量方向重合，即 $u_{sd}=U_s$，$u_{sq}=0$。由于定子电阻的压降远小于定子端电压，因此可忽略定子电压压降，同时忽略定子电磁暂态过程，基于上述假设条件，采用定子电压定向方法控制时，双馈感应发电机的电压方程简化为

$$\begin{cases} u_{sd} = -\omega_s \psi_{sq} = Us \\[1mm] u_{sq} = \omega_s \psi_{sd} = 0 \\[1mm] u_{rd} = \dfrac{\mathrm{d}\psi_{rd}}{\mathrm{d}t} - s\omega_s \psi_{rq} + R_r i_{rd} \\[1mm] u_{rq} = \dfrac{\mathrm{d}\psi_{rq}}{\mathrm{d}t} + s\omega_s \psi_{rd} + R_r i_{rq} \end{cases} \tag{3-9}$$

由电压方程可知，d 轴磁链 $\psi_{sd}=0$，磁链方程可简化为

$$\begin{cases} \psi_{sd} = L_s i_{sd} + L_m i_{rd} = 0 \\ \psi_{sq} = L_s i_{sq} + L_m i_{rq} = -\dfrac{U_s}{\omega_s} \\ \psi_{rd} = L_r i_{rd} + L_m i_{sd} \\ \psi_{rq} = L_r i_{rq} + L_m i_{sq} \end{cases} \tag{3-10}$$

由于双馈发电机定子侧输出有功功率、无功功率分别为

$$\begin{cases} P_s = \dfrac{3}{2} \mathrm{Re}[\dot{U}_s \dot{I}_s^*] = \dfrac{3}{2}(u_{sd} i_{sd} + u_{sq} i_{sq}) \\ Q_s = \dfrac{3}{2} \mathrm{Im}[\dot{U}_s \dot{I}_s^*] = \dfrac{3}{2}(u_{sq} i_{sd} - u_{sd} i_{sq}) \end{cases} \tag{3-11}$$

根据磁链方程可得

$$i_{sd} = \frac{-L_m i_{rd}}{L_s} \tag{3-12}$$

可得定子侧有功功率和转子有功电流之间的关系为

$$P_s = \frac{3}{2} U_s i_{sd} = -\frac{3}{2} U_s \frac{L_m}{L_s} i_{rd} \tag{3-13}$$

同理可得无功功率与转子无功电流之间的关系为

$$Q_s = \frac{3}{2}\left(\frac{U_s^2}{\omega_s L_s} + \frac{U_s L_m}{L_s} i_{rq}\right) \tag{3-14}$$

转子电流的有功分量 i_{rd} 可以实现对定子侧有功功率 P_s 的控制，而无功电流分量 i_{rq} 可以控制定子绕组的无功功率 Q_s。i_{rd} 和 i_{ra} 分别为转子电流在以定子电压定向的同步旋转坐标系 d 轴、q 轴上的分量，它们之间不存在耦合关系，从而实现对定子侧有功功率和无功功率的解耦控制。

通过控制转子电流可以实现对双馈感应发电机的有功功率、无功功率解耦控制，但实际控制转子电流是通过间接控制机侧变流器在转子的外加电压来实现的。由磁链方程可以得出定子、转子电流之间的关系为

$$\begin{cases} i_{sd} = -\dfrac{L_m}{L_s} i_{rd} \\ i_{sq} = -\dfrac{U_s}{\omega_s L_s} - \dfrac{L_m}{L_s} i_{rq} \end{cases} \tag{3-15}$$

可得

$$\begin{cases} u_{rd} = R_r i_{rd} + \sigma L_r \dfrac{\mathrm{d} i_{rd}}{\mathrm{d}t} - s\omega_s \sigma L_r i_{rq} + s\dfrac{L_m}{L_s} U_s \\ u_{rq} = R_r i_{rq} + \sigma L_r \dfrac{\mathrm{d} i_{rq}}{\mathrm{d}t} + s\omega_s \sigma L_r i_{rd} \end{cases} \tag{3-16}$$

在定子电压定向坐标系下，转子有功、无功电流是完全解耦的，但是控制变量转子电压没有完全解耦，利用转子电压 u_{rd}、u_{rq} 控制转子电流 i_{rd}、i_{rq}，需要增加前馈输入

$-s\omega_\mathrm{s}\sigma L_\mathrm{r}i_\mathrm{rq}+s\dfrac{L_\mathrm{m}}{L_\mathrm{s}}U_\mathrm{s}$ 和 $s\omega_\mathrm{s}\sigma L_\mathrm{r}i_\mathrm{rd}$ 以实现电压解耦控制。

机侧变流器矢量控制系统如图 3-12 所示，是一个串联 PI 控制回路，包括外环功率控制回路和内环电流控制回路。功率控制外环用于实现有功功率和无功功率的解耦控制，而电流控制内环通过调整发电机转子电流跟踪来自功率控制外环的参考值。控制过程中，转子电流被分解为 d 轴分量和 q 轴分量，有功功率通过转子电流 d 轴分量控制，无功功率通过转子电流 q 轴分量控制。功率控制外环分别给出了转子电流控制回路的 d 轴和 q 轴分量，电流控制内环生成转子电流信号参考值，并以脉宽调制系数的形式输入双馈发电机组模型，从而实现对发电机的功率控制。

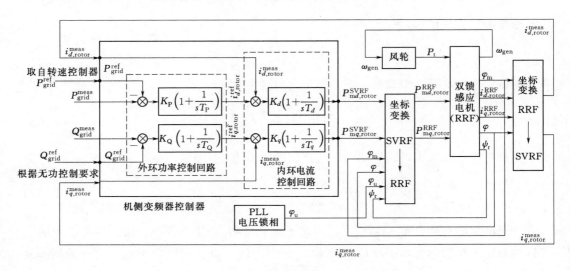

图 3-12　双馈风电机组机侧变流器矢量控制系统

图 3-12 中包含双馈感应发电机和机侧变流器，可描述为具有一个交流端和一个直流端的两端口等效电路，如图 3-13 所示。

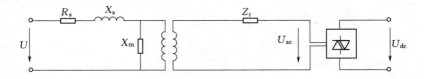

图 3-13　双馈感应发电机等效电路

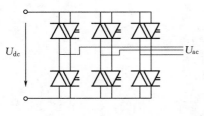

图 3-14　机侧变流器

机侧变流器的详细模型如图 3-14 所示。

交流电压与直流电压的关系随调制系数 P_m 的改变也发生变化，交流电压的表示方式多样，包括电压幅值与相角、电压实部与虚部（直角坐标形式或者极坐标形式），式（3-17）给出了直角坐标系下基于正弦脉宽调制法的机侧变流器交流电压与直

流电压的关系为

$$\begin{cases} U_{acr} = \dfrac{\sqrt{3}}{2\sqrt{2}} P_{mr} U_{dc} \\[3mm] U_{aci} = \dfrac{\sqrt{3}}{2\sqrt{2}} P_{mi} U_{dc} \end{cases} \tag{3-17}$$

式中　U_{acr}——交流电压实部；

　　　U_{aci}——交流电压虚部；

　　　P_{mr}——实部调制系数；

　　　P_{mi}——虚部调制系数；

　　　U_{dc}——直流侧电压。

忽略变流器损耗，机侧变流器交流侧电流与直流侧电流的关系为

$$P_{ac} = Re\ (U_{ac} I_{ac}^{*})\ = U_{dc} I_{dc} = P_{dc} \tag{3-18}$$

式中　P_{ac}——交流侧有功功率；

　　　P_{dc}——直流侧有功功率；

　　　U_{ac}——交流侧电压；

　　　I_{ac}——交流侧电流；

　　　U_{dc}——直流侧电压；

　　　I_{dc}——直流侧电流。

3.3.3　网侧变流器控制

网侧变流器采用基于电网电压定向的矢量控制实现网侧变流器与电网之间传输功率的解耦控制。其中，d 轴电流用于控制直流电容电压、q 轴电流用于控制网侧变流器发出的无功功率，图 3-15 所示为网侧变流器示意图。图中，u_{gabc} 为电网电压；u_{gcabc} 为变流器电压；i_{dcg} 为网侧直流电流；i_{dcr} 为转子侧直流电流；C 为直流侧电容。

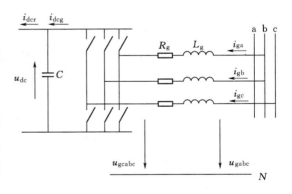

图 3-15　网侧变流器示意图

由图 3-15 可知

$$\begin{bmatrix} u_{ga} \\ u_{gb} \\ u_{gc} \end{bmatrix} = R_g \begin{bmatrix} i_{ga} \\ i_{gb} \\ i_{gc} \end{bmatrix} + L_g \frac{d}{dt} \begin{bmatrix} i_{ga} \\ i_{gb} \\ i_{gc} \end{bmatrix} + \begin{bmatrix} u_{gca} \\ u_{gcb} \\ u_{gcc} \end{bmatrix} \tag{3-19}$$

式中　i_{ga}——变流器 a 相电流；

　　　i_{gb}——变流器 b 相电流；

i_{gc}——变流器 c 相电流；

R_g——网侧变流器串联电阻；

L_g——网侧变流器串联电感。

Park 变换后得到 dq 坐标系下的电压方程为

$$\begin{cases} u_{gd} = R_g i_{gd} + L_g \dfrac{\mathrm{d}i_{gd}}{\mathrm{d}t} - \omega_e L_g i_{gq} + u_{gcd} \\ u_{gq} = R_g i_{gq} + L_g \dfrac{\mathrm{d}i_{gq}}{\mathrm{d}t} + \omega_e L_g i_{gd} + u_{gcq} \end{cases} \tag{3-20}$$

式中　u_{gd}、u_{gq}——电网电压 d、q 轴分量；

i_{gd}、i_{gq}——变流器电流 d、q 轴分量；

u_{gcd}、u_{gcq}——变流器电压 d、q 轴分量。

电网电压定向控制参考坐标系的 d 轴方向与电网电压方向一致，q 轴沿旋转方向超前 d 轴 $90°$，即电网电压向量在 q 轴的分量 $u_{gq} = 0$，因而网侧变流器与电网之间交换的有功功率和无功功率为

$$\begin{cases} P_g = \dfrac{3}{2} u_{gd} i_{gd} \\ Q_g = -\dfrac{3}{2} u_{gd} i_{gq} \end{cases} \tag{3-21}$$

设电网电压恒定，则 u_{gd} 恒定，网侧变流器与电网之间交换的有功功率、无功功率分别受控于 i_{gd} 和 i_{gq}。

忽略变流器开关损耗和串联电阻损耗，假设变流器为理想变流器，则

$$u_{dc} i_{dcg} = \sqrt{3} u_{gd} i_{gd} = P_g \tag{3-22}$$

此外，变流器交流侧和直流侧电压的关系为

$$\begin{cases} u_{gd} = \dfrac{\sqrt{3}}{2\sqrt{2}} P_{md} u_{dc} \\ u_{gq} = \dfrac{\sqrt{3}}{2\sqrt{2}} P_{mq} u_{dc} \end{cases} \tag{3-23}$$

式中　P_{md}——d 轴 PWM 调制系数；

P_{mq}——q 轴 PWM 调制系数。

对于直流电容，有以下关系成立

$$C \frac{\mathrm{d}u_{dc}}{\mathrm{d}t} = i_{dcg} - i_{dci} \tag{3-24}$$

$$i_{dcg} = \frac{3}{2\sqrt{2}} P_{md} i_{gd} \tag{3-25}$$

进一步可知直流电压 u_{dc} 与电网电流有功分量 i_{gd} 之间的关系为

$$C \frac{\mathrm{d}u_{dc}}{\mathrm{d}t} = \frac{3}{2\sqrt{2}} P_{md} i_{gd} - i_{dcr} \tag{3-26}$$

对式（3-26）进行拉普拉斯变换，并将 i_{cdr} 作为扰动出力，可得直流电压 u_{dc} 为输出、电网电流有功分量 i_{gd} 为输入的传递函数为

$$\frac{u_{dc}(s)}{i_{gd}(s)} = \frac{3P_{md}}{2\sqrt{2}cs} \qquad (3-27)$$

由于对变流器的控制最终均为控制变流器电压实现，因此需要建立变流器电压 u_{gcd}、u_{gcq} 与电流 i_{gd}、i_{gq} 的关系，即

$$\begin{cases} u_{gcd} = u_{gd} - u'_{gd} + \omega_e L_g i_{gq} \\ u_{gcq} = -u'_{gq} - \omega_e L_g i_{gd} \end{cases} \qquad (3-28)$$

对式（3-28）进行拉普拉斯变换，得到以 u'_g 为输入量，电网电流 i_g 为输出量的传递函数为

$$\frac{i_{gd}(s)}{u'_{gd}(s)} = \frac{i_{gq}(s)}{u'_{gq}(s)} = \frac{1}{L_g s + r_g} \qquad (3-29)$$

式（3-29）并不是电网电流 i_g 与变流器电压 u_{gcabc} 之间的直接关系式，要建立两者之间的关系，需在控制系统中加入前馈环节 $\omega_e L_g i_{gq}$ 和 $-\omega_e L_g i_{gd}$。

网侧变流器控制系统如图 3-16 所示，是一个串联 PI 控制回路，包括外环直流母线电压控制回路和内环电流控制回路。网侧变流器的控制目标为保持直流母线电压的恒定、输出电流正弦和保证变流器以指定无功功率（通常无功功率设为 0）运行。无论发电机处于何种运行模式，都需要保持直流母线电压恒定。当发电机转子超同步运行时，转子要输出有功功率，从而使直流母线电压升高；当发电机转子亚同步运行时，转子要吸收有功功率，直流母线电压降低。为了维持直流母线电压恒定，网侧变流器需要从电网中吸收或者向电网输送有功功率。

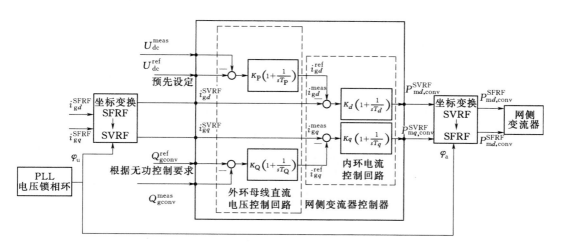

图 3-16　双馈风电机组网侧变流器控制系统

网侧变流器控制系统采用电网电压控制，将 d 轴定向于电网电压，因而 d 轴为有功分量，q 轴为无功分量。对于 d 轴有功分量，外环直流母线电压用于跟踪直流母线电压设定值，输出值作为电流内环控制系统的电流参考值。对于 q 轴无功分量，若网侧变

流器与电网没有无功交换，则无功电流参考值为 0。

3.3.4 故障穿越控制及保护模型

当电网发生故障时，双馈风电机组需根据要求保持并网运行并提供无功功率，支撑电网电压恢复，主要涉及故障穿越控制与机组保护两个方面。

3.3.4.1 故障穿越要求与控制模型实现

并网标准的制定通常依据电力系统运行中取得的经验，不同的国家、电网运营商的并网标准有所不同，但其关键要素仍然是类似的，因为它们的目标都是保障电力系统安全、可靠、经济运行。并网标准对于风电机组低电压穿越控制的要求为电网电压跌落期间风电机组能够不脱网，并能够根据电压跌落幅度向电网提供无功支撑。例如，丹麦要求电网跌落到 0.25p.u. 时风电机组能够不脱网运行 100ms，德国 E. ON 公司要求电网电压跌落到 0 时风电机组能够不脱网运行 150ms，而澳大利亚则要求风电机组应具备 175ms 的零电压穿越能力。

我国颁布的《风电场接入电力系统技术规定》（GB/T 19963—2012）于 2012 年 6 月 1 日正式实施，其对风电故障穿越的要求主要包括：①低电压穿越曲线要求；②低电压期间动态电压无功支撑要求；③故障清除后有功恢复要求。

此外，故障穿越与保护模块模型中还应对相关标准中风电机组、风电场的电网运行适应性予以考虑。我国风电并网标准规定：风电场并网点电压在 0.9～1.1p.u. 时，风电机组应能正常运行；当风电场并网点电压超过 1.1p.u. 时，风电的运行状态由风电机组的性能决定。

并网导则要求当风电场并网点电压跌落时，风电场内的风电机组仍需继续保持并网运行，具体要求如图 3-17 所示。

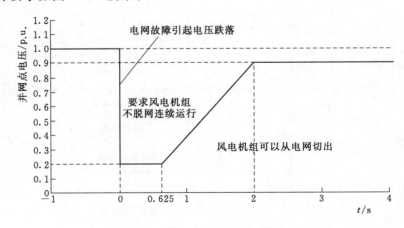

图 3-17 风电机组低电压穿越要求

具体要求如下：

（1）风电场并网点电压跌落至 20% 标称电压时，风电场内的风电机组应保证不脱网连续运行 625ms。

（2）风电场并网点电压在发生跌落后 2s 内能够恢复到标称电压的 90％时，风电场内的风电机组应保证不脱网连续运行。

（3）当风电场并网点电压处于标称电压的 20％～90％时，风电场应能够通过注入无功电流支撑电压恢复；自并网点电压跌落出现的时刻起，动态无功电流控制的响应时间不大于 75ms，持续时间应不少于 550ms。

（4）风电场注入电力系统的动态无功电流为

$$I_T \geqslant 1.5 \times (0.9 - U_T) I_N \quad 0.2 \leqslant U_T \leqslant 0.9 \tag{3-30}$$

式中　U_T——风电场并网点电压标幺值；

　　　　I_N——风电场额定电流。

由于双馈风电机组转子侧通过变流器与电网接口，变流器的过载能力不强，为保护变流器不被过电流损坏，双馈风电机组在转子侧装设 Crowbar 电路，如图 3-18 所示。

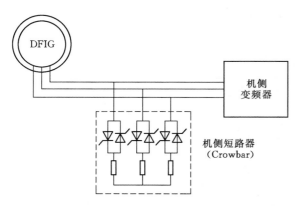

图 3-18　双馈风电机组 Crowbar 电路

当转子侧电流超过设定值时，Crowbar 电路投入，将双馈发电机的转子回路短接，发电机中感应的过电流通过转子短路器的旁路流通，不会流过转子侧变频器，以达到保护的目的。此时，双馈感应发电机的主开关并不动作，双馈感应发电机仍并网运行，但不具有控制能力，成为一台具有大转子电阻且运行于高滑差下的异步电机，这对于故障后的电压恢复不利。为了迅速恢复双馈发电机的控制能力，增加电网的稳定性，Crowbar 电路投入的时间应尽可能的短，只需要躲过转子电流回路中的过电流即可，因此，在实际运行过程中，Crowbar 电路投入时间常设定为固定值，但若电网故障暂态过程较长，在转子电流还没有完全衰减的情况下 Crowbar 电路就已退出，则可能引起 Crowbar 保护再次动作。上述暂态过程难以准确建模，因而大部分建模工作忽略 Crowbar 投入期间的暂态过程。

双馈风电机组在低电压穿越期间的故障控制模式，机组由有功功率优先控制切换至无功功率优先控制，保证无功功率输出，提高对电网电压的支撑，具体控制如图 3-19 所示，图中 I_{rmax} 为转子电流最大值。

3.3.4.2　保护模型实现

双馈风电机组的保护系统主要包括低电压、过电压保护和低速、超速保护。

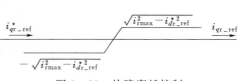

图 3-19　故障穿越控制

低电压、过电压保护单元监视风电机组机端电压或风电场并网点母线电压，可以根据实际要求设定两组低电压保护与两组高电压保护定值，其电压整定值与保护动作时间可以根据实际风电机组和风电场的运行情况而定。如果风电机组在电网发生故障后其电压保护单元触发，则双馈发电机的主开关在保护动作后经一定时限跳开。

低速、超速保护单元监视发电机转速，可以根据实际运行要求设定两组低速保护和高速保护定值，其转速整定值与保护动作时间应根据实际风电机组要求而定。如果转速保护被触发，则双馈发电机主开关在保护动作后经一定时限跳开。

双馈风电机组保护控制模型如图 3-20 所示，主要参数及典型值（1.5MW 双馈风电机组）见表 3-1。

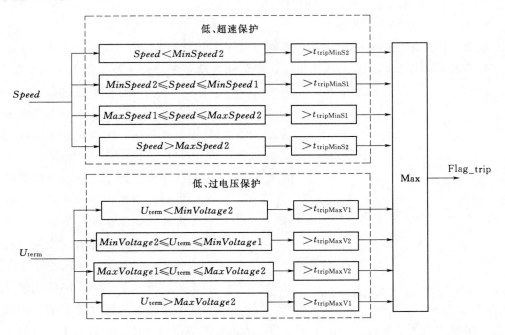

图 3-20 双馈风电机组保护控制模型

表 3-1 双馈风电机组保护控制主要参数及典型值

参 数	说 明	典型值
$MinSpeed1$/p. u.	一级低速保护转速整定值	0.7
$MinSpeed2$/p. u.	二级低速保护转速整定值	0.6
$MaxSpeed1$/p. u.	一级超速保护转速整定值	1.2
$MaxSpeed2$/p. u.	二级超速保护转速整定值	1.3
$MinVoltage1$/p. u.	一级低压保护电压整定值	0.8
$MinVoltage2$/p. u.	二级低压保护电压整定值	0.6
$MaxVoltage1$/p. u.	一级过压保护电压整定值	1.1

参　数	说　明	典型值
$MaxVoltage2/\text{p.u.}$	二级过压保护电压整定值	1.2
$t_{\text{tripMinS1}}/\text{s}$	一级低速保护动作时延	1
$t_{\text{tripMinS2}}/\text{s}$	二级低速保护动作时延	0
$t_{\text{tripMaxS1}}/\text{s}$	一级超速保护动作时延	1
$t_{\text{tripMaxS2}}/\text{s}$	二级超速保护动作时延	0
$t_{\text{tripMinV1}}/\text{s}$	一级低压保护动作时延	1
$t_{\text{tripMinV2}}/\text{s}$	二级低压保护动作时延	0.1
$t_{\text{tripMaxV1}}/\text{s}$	一级高压保护动作时延	2
$t_{\text{tripMaxV2}}/\text{s}$	二级高压保护动作时延	1

3.3.5　仿真算例

基于 DIgSILENT PowerFactory 软件构建算例分析双馈风电机组运行特性，算例系统如图 3-21 所示。风电机组的额定功率为 5MW，初始潮流设置有功功率为 4.8MW，无功功率为 0，转子侧直流电压设为 1.15p.u.，转差率为 8%，转子绕组开路电压为 1939V，机组初始风速为 13.8m/s。

1. 风速扰动

仿真设置：$t=15\text{s}$ 时风速逐渐上升，至 $t=50\text{s}$ 时风速上升至 15m/s 并维持该风速 40s，$t=90\text{s}$ 时风速开始下降，至 $t=130\text{s}$ 风速恢复至初始风速 13.8m/s。风速、机组有功功率、机组无功功率、发电机转速、桨距角、风轮捕获的机械功率曲线如图 3-22 所示。

由图 3-22 可知，当风速上升超过额定风速时变桨系统动作，桨距角增

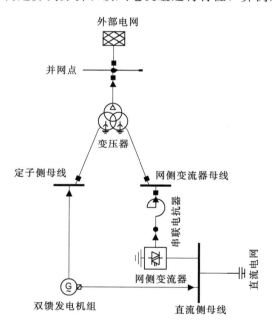

图 3-21　Ⅲ型风电机组模型验证系统接线图

大，机组转速升高，风轮捕获的机械功率随着桨距角的增大而维持恒定，双馈风电机组的有功功率输出值维持额定输出；风速恢复至初始风速后，变桨控制系统也减小桨距角至 0°。发电机的有功功率在风速恢复后恢复至初始值，风轮捕获的机械功率以及发电机转速也恢复至初始值。风速扰动过程中，双馈风电机组的无功功率始终保持不变。

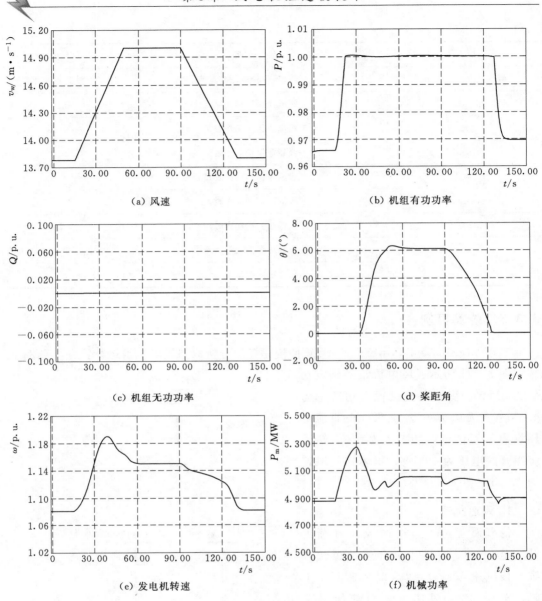

图 3-22 风速扰动仿真曲线

2. 电网扰动

仿真设置：当 $t=3s$ 时，系统接入点发生三相接地短路；$t=3.15s$ 时，故障清除。系统接入点电压、机组有功功率、机组无功功率、直流侧电压、发电机转速以及机械功率如图 3-23 所示。

由图 3-23 可知，风电机组需要更长时间恢复稳态运行。风电机组可能会因为电压跌落而发生跳机（由发电机的有功、无功功率的不稳定以及直流侧直流电压的上升造成的），在故障发生期间，直流侧的电压值大约是标幺值的 1.8 倍（是相同故障点单相接地短路电压值的 2 倍），发电机转速在故障期间下降，当系统故障恢复后，则转速上升。

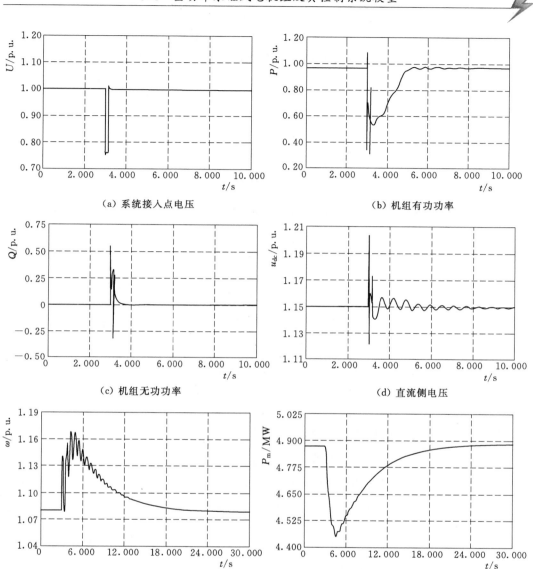

图 3-23 系统接入点发生三相接地短路运行工况仿真曲线

若考虑保护系统的接入，则故障期间 Crowbar 电路投入运行，电机转速将上升，而桨距角将会进一步变大。

3.4 全功率永磁风电机组及其控制系统模型

3.4.1 永磁同步发电机模型

全功率永磁发电机及其控制系统建模过程中，永磁同步发电机需建立同步旋转坐标系下（dq 坐标系）的数学模型。根据矢量控制基本思想，取转子永磁体极中心线为 d 轴，逆时针方向超前 90°电角度为 q 轴。dq 坐标系下的永磁同步发电机数学模型为

$$\begin{cases} u_d = R_s i_d + \dfrac{\mathrm{d}\psi_d}{\mathrm{d}t} - \omega_g \psi_q \\[2mm] u_q = R_s i_q + \dfrac{\mathrm{d}\psi_q}{\mathrm{d}t} + \omega_g \psi_d \\[2mm] 0 = r_D i_D + \dfrac{\mathrm{d}\psi_D}{\mathrm{d}t} \\[2mm] 0 = r_Q i_Q + \dfrac{\mathrm{d}\psi_Q}{\mathrm{d}t} \end{cases} \tag{3-31}$$

其中

$$\begin{cases} \psi_d = (x_1 + x_{md}) i_d + x_{md} i_D + \psi_m \\[2mm] \psi_q = (x_1 + x_{mq}) i_q + x_{mq} i_Q \\[2mm] \psi_D = x_{md} i_d + x_{1D} i_D + \psi_m \\[2mm] \psi_Q = x_{mq} i_q + x_{1Q} i_Q \end{cases} \tag{3-32}$$

式中　　u_d、u_q——定子合成电压在 d 轴、q 轴上的分量；

　　　　i_d、i_q——电枢合成电流在 d 轴、q 轴上的分量；

　　　　　　R_s——电枢绕组电阻；

　　　　r_D、r_Q——转子阻尼绕组电阻；

　　　　i_D、i_Q——转子阻尼绕组电流；

　　　　ψ_D、ψ_Q——转子阻尼绕组匝链的磁链；

　　　　ψ_d、ψ_q——定子合成磁链在 d 轴、q 轴上的分量；

　　　　　　x_1——定子绕组漏抗；

　　x_{md}、x_{mq}——d 轴、q 轴同步反应电抗；

　　x_{1D}、x_{1Q}——阻尼绕组漏抗；

　　　　　　ψ_m——永磁磁链。

由式（3-31）和式（3-32）得永磁同步发电机的等效电路如图 3-24 所示。

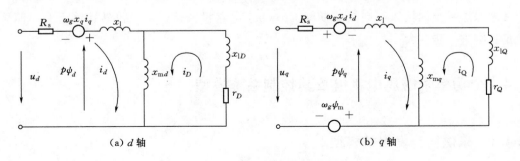

(a) d 轴　　　　　　　　　　　　(b) q 轴

图 3-24　永磁同步发电机的等效电路

根据上述 d 轴与 q 轴的定义，永磁同步发电机的电磁转矩及转子运动方程分别为

$$T_e = \frac{3}{2} n_p \left[(x_d - x_q) i_d i_q + \psi_m i_q \right] \tag{3-33}$$

$$\begin{cases} \dfrac{1}{n_p} T_J \dfrac{\mathrm{d}\omega_m}{\mathrm{d}t} = T_m - T_e \\[2mm] \dfrac{\mathrm{d}\theta}{\mathrm{d}t} = \omega_m \end{cases} \tag{3-34}$$

式中　T_J——转子惯性时间常数；

　　　n_p——极对数。

由于永磁同步发电机的极对数较多，转子永磁体一般采用贴片式，可以忽略凸极效应，令 $x_d = x_q$，则有

$$T_e = \frac{3}{2} n_p \psi_m i_q \tag{3-35}$$

根据式（3-31）～式（3-35），可以推导并建立永磁同步发电机模型如图 3-25 所示，其输入变量为 u_d、u_q、ψ_m、T_m；输出变量为 i_d、i_q、T_e 和转子机械角速度 ω_m。

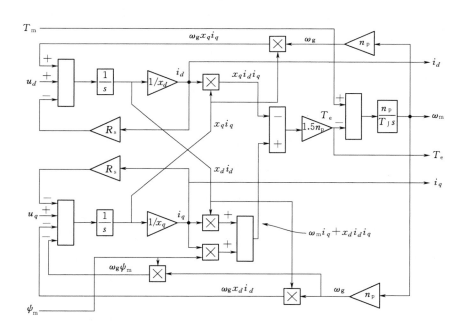

图 3-25　dq 坐标系下永磁同步发电机模型

在很多电力系统仿真商用软件中，永磁同步发电机模型已被固化至模型库，例如 MATLAB/Simulink、PSCAD/EMTDC 等，但也有部分仿真软件中尚无永磁同步发电机模型，用户需要根据需求对其进行自定义或者采用合理的方法实现。这里给出几组永磁同步发电机典型参数，见表 3-2。

表 3 - 2 几组永磁同步发电机典型参数

参数名称	2MW/690V/9.75Hz/隐极		2MW/690V/11.25Hz/凸极		2.5MW/4kV/53.33Hz/隐极		2.5MW/4kV/40Hz/凸极	
	有名值[①]	标幺值/p.u.	有名值[①]	标幺值/p.u.	有名值[①]	标幺值/p.u.	有名值[①]	标幺值/p.u.
额定机械功率	2000000	1.0	2009300	1.0	2448700	1.0	2500000	1.0
额定视在功率	2241900	1.0	2240800	1.0	3419000	1.0	3383000	1.0
额定线电压	690		690		4000		4000	
额定相电压	398.4	1.0	398.4	1.0	2309.4	1.0	2309.4	1.0
额定定子电流	1867.76	1.0	1867.76	1.0	490	1.0	485	1.0
额定定子频率	9.75	1.0	11.25	1.0	53.33	1.0	40	1.0
额定功率因数	0.8921		0.8967		0.7162		0.739	
额定转速	22.5	1.0	22.5	1.0	400	1.0	400	1.0
极对数	26		30		8		6	
额定机械转矩	848826	1.0	852770	1.0	58458.5	1.0	59683.1	1.0
额定转子磁链	5.8246	0.896	4.696	0.8332	4.971	0.7231	4.759	0.5179
定子绕组电阻	0.00082	0.00387	0.00073	0.00344	0.02421	0.00517	0.02425	0.00513
直轴同步电感	0.00157	0.4538	0.00121	0.4026	0.00982	0.7029	0.009	0.4782
交轴同步电感	0.00157	0.4538	0.00231	0.7685	0.00982	0.7029	0.02185	1.161
磁链基值	6.5029	1.0	5.6358	1.0	6.892	1.0	9.1888	1.0
阻抗基值	0.2124	1.0	0.2125	1.0	4.6797	1.0	4.7259	1.0
电感基值	0.00347	1.0	0.00301	1.0	0.01397	1.0	0.01882	1.0
电容基值	0.07687	1.0	0.06658	1.0	0.00064	1.0	0.00084	1.0

① 有名值参数值的单位为 SI 单位及其导出单位。

本节永磁同步发电机建模采用的标幺基值定义见表 3 - 3。

表 3 - 3 标 幺 基 值 定 义

参数名称	计算公式	参数含义
视在功率基值/VA	$S_B = S_R$	S_B—发电机或电力变流器的额定视在功率
有功功率基值/W	$P_B = P_{m,R}$	$P_{m,R}$—发电机额定机械功率
电压基值/V	$U_B = U_R$	U_R—发电机或电力变流器额定电压
电流基值/A	$I_B = I_R$	I_R—发电机或电力变流器额定电流
频率基值/Hz	$f_B = f_R$	f_R—电网标称频率
转速基值/(rad·s^{-1})	$\omega_B = 2\pi f_R$	
转矩基值/(N·m)	$T_B = T_R$	T_R—额定机械转矩
磁链基值/Wb	$\Lambda_B = U_R/\omega_B$	
阻抗基值/Ω	$Z_B = U_B/I_B$	
电感基值/H	$L_B = Z_B/\omega_B$	
电容基值/F	$C_B = 1/\omega_B Z_B$	

3.4.2 机侧变流器控制

在全功率永磁同步发电机及其控制系统建模过程中，机侧变流器控制是通过对永磁同步发电机的控制实现的。机侧变流器主电路如图 3-26 所示，其中，e_{sx} 为永磁同步发电机反电势，i_{sx} 为定子电流，u_{sx} 为电机端电压，$x=$a、b、c，R_s 表示定子电阻，L_s 表示相电感（发电机机端出口至变流器的线路电感并入）；$Q_1 \sim Q_6$ 为变流器主开关管；从变流器直流侧看，网侧变流器可等效为电压源 U_{dc}。机侧变流器在 dq 坐标系下的电流方程为

$$\begin{cases} L_s \dfrac{\mathrm{d}i_d}{\mathrm{d}t} = e_{sd} - R_s i_d + \omega_g L_s i_q - u_d \\ L_s \dfrac{\mathrm{d}i_q}{\mathrm{d}t} = e_{sq} - R_s i_q - \omega_g L_s i_d - u_q \end{cases} \tag{3-36}$$

式中 e_{sd}、e_{sq}——发电机反电势在 d 轴与 q 轴的分量。

在坐标变换过程中，d 轴方向与发电机机端电压空间相量 $\dot{U}_t$ 对齐，如图 3-27 所示。图中，$|\dot{E}_{sd}| = |\dot{U}_t|$。

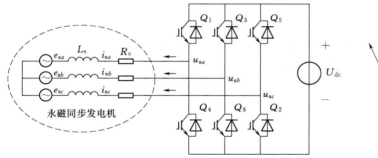

图 3-26 机侧变流器主电路

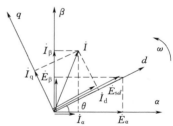

图 3-27 两相旋转与静止坐标系下机侧电压电流相量图

机侧变流器控制策略与系统运行阶段相关。在转速控制与最大功率点跟踪控制下，其运行可分为 3 个区域，即恒 C_P 区、恒转速区和恒功率区。在恒 C_P 区，采用最大功率点跟踪控制，C_P 取最大值，目标为实现最大风能捕获。当风电机组达到最大转速，若风速进一步增加，需要风电机组维持最大转速运行，即进入恒转速区，此时，C_P 减小，风电机组输出功率继续增加。风电机组运行除受转速限制外，还受功率限制，随着风速增加和风电机组输出功率增大，风力发电机达到输出功率极限，机侧变流器控制进入恒功率区，如果风速继续增大，应通过桨距角控制使 C_P 迅速减小，降低发电机转速，以使风电机组输出功率保持在额定功率附近。

机侧变流器控制策略从原理上主要分为矢量控制和直接转矩控制两类，可以针对不同的控制目标，选择相应的控制策略。本小节主要以常用的定子电压定向的矢量控制策略为例，对机侧变流器的控制进行描述。除了这种控制策略之外，机侧变流器控制常见的控制策略还有定子电流定向控制、转子磁场定向控制、恒气隙磁链控制、最大效率控

制等。

定子电压定向控制一般采用功率外环、电流内环结构，电流方向以发电机机端电压空间矢量的方向为基准。电压定向控制系统能否实现高性能稳态运行和快速动态响应很大程度上依赖于电流内环的设计。在静止坐标系下设计电流内环，如滞环电流控制等，往往易于实现，理论上也可以获得快速动态响应和较高的控制精度，但实际应用时往往受到开关频率、器件应力等因素的限制。在同步旋转坐标系下设计电流内环，各交流分量均转换为直流量，这给闭环调节器的设计带来了方便，同时也有利于正弦脉宽调制或空间矢量脉宽调制接口的设计。

在定子电压定向控制策略下，$u_q = 0$，发电机功率方程为

$$\begin{cases} P_g = \dfrac{3}{2} u_d i_d \\ Q_g = \dfrac{3}{2} u_q i_q \end{cases} \tag{3-37}$$

式中　P_g——发电机输出的有功功率；

　　　Q_g——发电机输出的无功功率。

由式（3-37）可知，i_d 和 i_q 直接与有功功率和无功功率对应，通过控制定子电流的 d 轴与 q 轴分量便可实现对发电机输出有功功率和无功功率的控制。

基于定子电压定向的机侧变流器控制系统结构如图 3-28 所示。图中，P_{ref} 为有功功率参考值，i_a、i_b、i_c 为发电机定子绕组电流，U_{tref} 为机端电压参考值，i_{dref} 为 d 轴电流分量的参考值，U_t 为机端电压测量值，i_{qref} 为 q 轴电流分量的参考值，u_α、u_β 为 $\alpha\beta$ 坐标系下的电压分量。为了实现机侧变流器的有功功率和无功功率解耦控制，还需要增加前馈输入 $-\omega_g L_s i_d$ 和 $\omega_g L_s i_q + \omega_g \psi_m$。功率控制外环实现有功功率和无功功率的解耦控制，电流控制内环通过调整发电机定子电流以跟踪来自功率控制外环的参考值。电流控制内环生成电压信号参考值，经过 PWM 脉宽调制完成对机侧变流器的控制，实现对发电机输出有功功率和无功功率的控制。

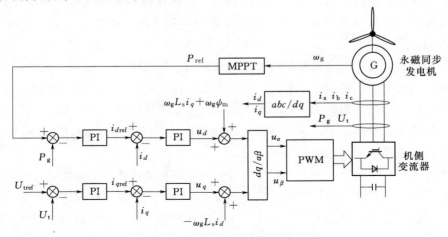

图 3-28　机侧变流器控制系统结构

3.4.3 网侧变流器控制

网侧变流器控制的目标有：①维持直流母线电压稳定；②保证网侧电流的相位、频率和幅值与电网相同；③减小谐波对电网的污染。网侧变流器主电路如图3-29所示。其中，e_a、e_b、e_c为网侧相电压，u_a、u_b、u_c为整流器交流侧输出相电压，i_{ga}、i_{gb}、i_{gc}为网侧相电流，U_{dc}为中间直流电压，i_{dc}为直流侧电流，i_L为网侧变流器流经后级电路的电流，L为网侧滤波电感，R为它的等效电阻，C为中间支撑电容，$VD_1 \sim VD_6$为变流器主开关管，

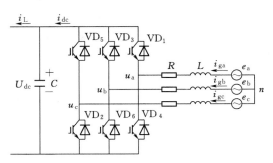

图3-29 网侧变流器主电路

n为电源中点。为表征能量双向流动特性，将其后级电路等效为一个受控电流源i_L。忽略电感的饱和作用，网侧变流器在dq坐标系下的电流方程为

$$\begin{cases} L\dfrac{\mathrm{d}i_{gd}}{\mathrm{d}t} = e_d - Ri_{gd} + \omega Li_{gq} - s_d U_{dc} \\[2mm] L\dfrac{\mathrm{d}i_{gq}}{\mathrm{d}t} = e_q - Ri_{gq} - \omega Li_{gd} - s_q U_{dc} \\[2mm] C\dfrac{\mathrm{d}U_{dc}}{\mathrm{d}t} = \dfrac{3}{2}(s_d i_d + s_q i_q) - i_L \end{cases} \tag{3-38}$$

式中　i_{gd}、i_{gq}——网侧变流器交流侧电流在d轴和q轴上的分量；

$\qquad e_d$、e_q——网侧变流器交流侧电压在d轴和q轴上的分量；

$\qquad s_d$、s_q——两相旋转坐标系下的开关函数。

三相静止坐标系（abc坐标系）至dq坐标系变换后，网侧变流器数学模型中各电压电流均变为直流量，同时，开关函数在坐标变换中也将发生变化。abc坐标系下的开关函数s_a、s_b、s_c与dq坐标系下的开关函数s_d、s_q的对应关系见表3-4。

表3-4　　　　　　　　　　开关函数对应关系表

开关组合	开　关　函　数				
	s_a	s_b	s_c	s_d	s_q
Ⅰ	−1	−1	−1	0	0
Ⅱ	1	−1	−1	$2\cos\theta/3$	$-2\sin\theta/3$
Ⅲ	1	1	−1	$2\cos(\theta-60°)/3$	$-2\sin(\theta-60°)/3$
Ⅳ	−1	1	−1	$-2\cos(\theta+60°)/3$	$2\sin(\theta+60°)/3$
Ⅴ	−1	1	1	$-2\cos\theta$	$2\sin\theta/3$
Ⅵ	−1	−1	1	$-2\cos(\theta-60°)/3$	$2\sin(\theta-60°)/3$
Ⅶ	1	−1	1	$2\cos(\theta+60°)/3$	$-2\sin(\theta+60°)/3$
Ⅷ	1	1	1	0	0

开关函数 s_d 和 s_q 中，既包含直流分量，又包含高频分量。用 S_d 和 S_q 分别表示开关函数中的直流分量，则网侧变流器交流输出电压满足

$$\begin{cases} u_d = S_d U_{dc} \\ u_q = S_q U_{dc} \end{cases} \tag{3-39}$$

网侧变流器控制直接关系到发电机与电网之间的有功功率传输以及系统的无功功率调节。基于坐标变换理论的双闭环控制是网侧变流器最常用的控制策略。根据坐标定向方法不同，可将其分为基于网侧电压和基于虚拟磁链两类。基于网侧电压的控制策略以检测或估算电网电压为前提，主要包括电网电压定向控制和直接功率控制；网侧变流器与机侧变流器在拓扑上存在相似性，若将网侧电压看作发电机反电势，将网侧滤波电感及其等效电阻看作发电机定子电感和电阻，则网侧变流器可以看作一台虚拟发电机，通过估算定子磁链，就可利用其取代电网电压实现电压定向控制和直接功率控制，因此，基于虚拟磁链的控制策略是以估算虚拟磁链为前提的。本小节以常用的电网电压定向的矢量控制策略为例，对网侧变流器的控制进行描述，除此控制策略之外，网侧变流器控制策略分类如图 3-30 所示。

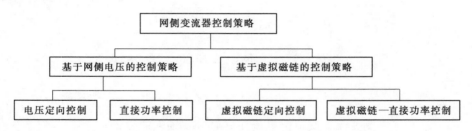

图 3-30　网侧变流器控制策略分类

电压定向控制一般采用电压外环、电流内环结构，电流方向以电网电压空间相量的方向为基准。同步旋转坐标系下，网侧变流器的电流方程见式（3-38），坐标变换过程中，使轴方向与电网电压空间相量 $\dot{E}$ 对齐，即以电网电压 a 相峰值点作为旋转角 θ 的零点，则有 $e_d = |\dot{E}|$，$e_q = 0$，两相静止坐标系 $\alpha\beta$ 与两相同步旋转坐标系 dq 下的相量图如图3-31所示。

网侧变流器控制系统建模时，需引入 $\omega L i_{gd}$ 和 $\omega L i_{gq}$ 作为解耦项，以分别控制有功电流和无功电流。双闭环结构中，为保持直流电压恒定，电压外环输出即为有功电流给定值；无功电流由外部给定，单位功率因数控制模式下，无功电流给定值为零。有功电流和无功电流经过电流内环反馈控制后，将闭环输出叠加到稳态控制方程中，即可输出控制量 u_d 和 u_q 于脉宽调制策略接口，从而得到相应的开关函数。图 3-32 为网侧变流器控制系统结构，图中，θ 为电网电压的电角度，由锁相环得到。

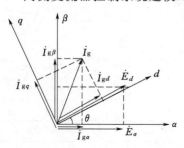

图 3-31　$\alpha\beta$ 和 dq 坐标系下
网侧电压电流相量图

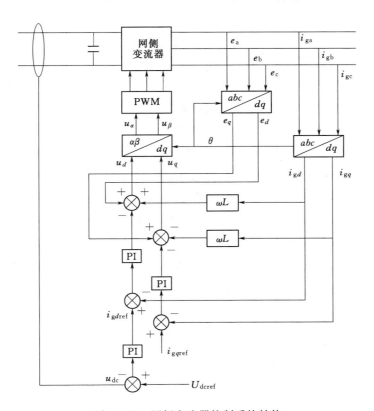

图 3-32 网侧变流器控制系统结构

3.4.4 故障穿越控制及保护模型

全功率永磁同步发电机及其控制系统的故障穿越控制及保护模型主要用于应对有功不平衡与电压扰动带来的影响。不论是对称故障，还是不对称故障，均会使电网电压正序分量降低，导致系统输入与输出的有功功率失衡，将直流电压抬升，永磁同步发电机转速发生变化。如果不采取措施，当直流电压和发电机转速超过设定的阈值时，风电机组就会自动切除。故障穿越控制及保护模型建立的重要参考依据是各国、电网运营商制定的风电系统接入电网的相关规定（故障穿越要求部分），包括故障穿越的有功功率、无功功率控制措施及自动切机区域的设定。

1. 有功功率不平衡控制

应对有功功率不平衡所带来问题的控制方法分为 3 类：①减小机侧变流器输入功率；②在直流环节消除不平衡功率；③增大网侧变流器输出功率。其中，减小机侧变流器输入功率的控制策略按照响应速度快慢有桨距角调节和限发电机电磁功率两种；在直流环节消除有功功率不平衡的方法有增大直流环节储能元件的容量和加装卸荷负载（chopper）两种；增大网侧变流器输出功率的控制策略通过以无功补偿方式对电网电压进行支撑的方式实现，一般应用于电压偏差范围较小的情况，电网严重短路故障情况下，该方式的效果有限。

　　桨距角调节的有功功率不平衡控制属机械调节，虽不需增加额外的硬件，但动态响应时间通常较长，且存在较大的延时。该方法适用于较长时间的有功功率不平衡情况，对于几个工频周期的电压暂降而言，采用变桨距调节很难有效地限制发电机的输入机械功率。限发电机电磁功率的控制策略可在机侧变流器控制系统中通过在计算有功电流参考值过程中构建动态限幅来实现。在直流环节消除有功功率不平衡，最直观的就是借助直流电容，虽然该方法不需要改变任何控制策略，只需将电容容量增大，但相比通过磁场实现对能量存储/释放的元件，电场元件的容量/能量比要大很多，也就是说，如果通过增加电容容量来消除系统有功功率不平衡，电容的容量需要增大很多；而对于整个系统而言，直流电容相对易损害，从体积和可靠性角度都希望该电容值尽可能小一些，因此，通过增大直流电容的方法对于消除系统有功功率不平衡的能力有限。直流环节加装卸荷负载的主电路拓扑如图3-33所示，主要有高压耗能型与Buck电路型两种，采用该种方法来消耗不平衡功率可以通过控制卸荷开关的占空比实现，计算公式为

$$\Delta P = \frac{D U_{dc}^2}{R} \tag{3-40}$$

式中　　D——卸荷负载开关的占空比；
　　　　R——卸荷负载的电阻值。

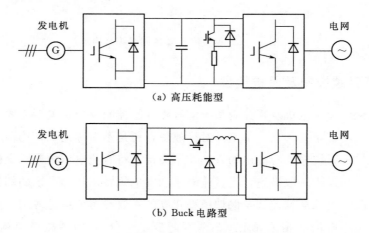

(a) 高压耗能型

(b) Buck电路型

图3-33　直流环节加装卸荷负载主电路拓扑

2. 故障穿越控制

　　故障穿越控制及保护模型结构如图3-34所示。图中，i_{max}为变流器所能承受的最大电流值；k_{LFRT}和k_{HFRT}为低电压和高电压穿越过程中的无功电流支撑系数；U_T低于0.2p.u.时，以恒定无功电流i_{qZVRT}对电网电压进行支撑。故障穿越期间，一般采用无功功率优先控制；故障清除后，通过限制有功电流上升斜率模拟风电机组有功功率的"爬坡"特性。故障穿越控制及保护模型中对电压、频率保护的阈值依照相关标准规定进行定义。

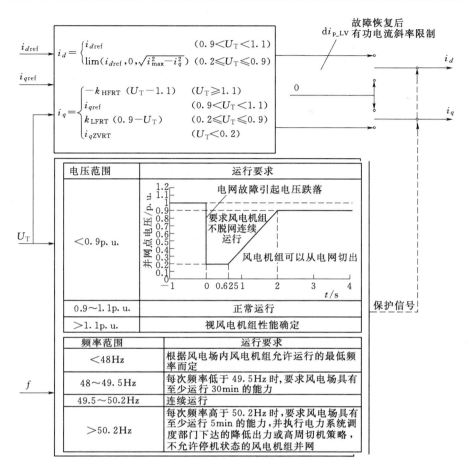

图 3-34 故障穿越控制及保护模型结构

3.4.5 仿真算例

全功率永磁同步发电机及其控制系统模型中，轴系采用两质块模型，机侧变流器控制采用定子电压定向，外环采用电压—功率控制模式，通过控制机端电压实现对无功功率的调节，内环为转子电流控制环，由 d 轴和 q 轴两个控制通道组成，均采用带输出限幅的 PI 型电流调节器；MPPT 环节采用转速—功率插值法实现。与机侧变流器控制一样，网侧变流器控制同为双闭环结构，采用基于电网电压定向的矢量控制。其中，d 轴电流用于控制直流端电压，q 轴电流用于控制网侧变流器发出的无功功率。

仿真测试系统采用 WECC 提供的典型风力发电机向大电网送电的测试系统，如图 3-35 所示，由风电场等值得到的风电机组功率为 100MW，系统基准功率设置为 100MVA。在图 3-35 中，R_1、X_1、B_1 分别为线路 1 的等效电阻、电抗和电纳；R_2、X_2、B_2 分别为线路 2 的等效电阻、电抗和电纳；R_t、X_t 分别为变压器 1 的等效电阻和电抗；R_e、X_e、B_e 分别为集结等效系统的等效电阻、电抗和电纳；R_{te}、X_{te} 分别为等效发电机升压变压器 2 的等效电阻和电抗。上述参数的具体取值为：$R_1 = R_2 = $

0.025p. u. ；$X_1 = X_2 = 0.25$p. u. ；$B_1 = B_2 = 0.05$p. u. ；$R_t = 0$；$X_t = 0.10$p. u. ；$R_e = 0.015$p. u. ；$X_e = 0.025$p. u. ；$B_e = 0.01$p. u. ；$R_{te} = 0$；$X_{te} = 0.05$p. u. 。

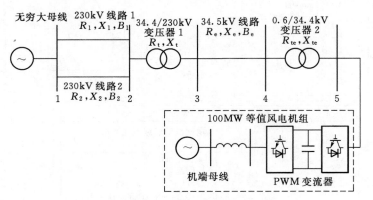

图 3 - 35　仿真测试系统

1. 算例 1：风速阶跃扰动

当 $t = 4$s 时，风速 v_w 从 11m/s 上升至 13m/s；20s 后，风速再次提升 2m/s，达到 15m/s。需要说明的是，这里设置的风速阶跃不一定与实际相符，仅是为了验证所建立模型的合理性与正确性。仿真结果如图 3 - 36 所示。

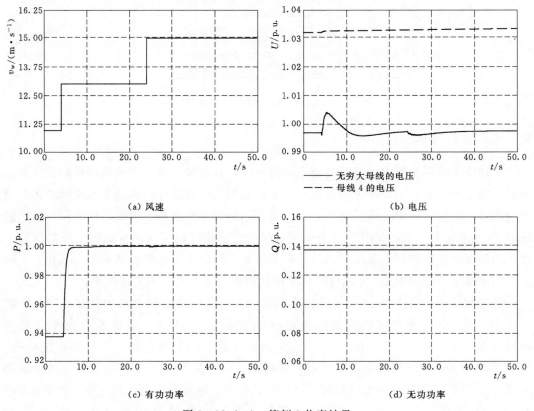

图 3 - 36（一）　算例 1 仿真结果

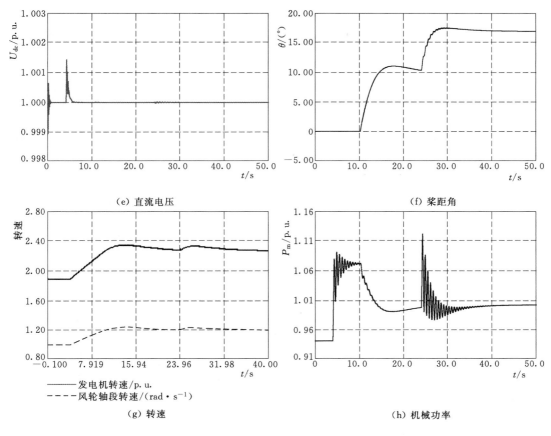

图 3-36（二） 算例 1 仿真结果

由图 3-36 可见，由于变流器将电网与发电机有效隔开，相比机端母线电压，由于风速阶跃而产生的变化，并网点母线电压变化甚微。当 $t=4s$ 时，风速从 11m/s 阶跃至 13m/s，由于变流器完全响应风速变化需要一个过程，多出的能量转变为机组轴系的动能和为直流电容充电，使机组转速和直流电压上升，伴随着风电机组能量输入与输出达到新的平衡点，直流电压逐渐复原，而有功功率则由于风速的维持而停留在最大出力点。因为风电机组轴系具有惯性，机组转速上升至阈值需要一定时间，故桨距角动作滞后于有功功率达到最大出力时间点。当 $t=24s$ 时，桨距角响应第一轮扰动的动作尚未结束，风速从 13m/s 阶跃上升至 15m/s，阶跃时刻机组已处于满发状态，故桨距角即刻响应第二轮扰动，以减少风轮对风能的捕获。此时，风电机组控制系统的控制目标即是通过控制减少能量摄入以维持现有状态的平衡，为此，对于第二次风速的阶跃，直流电压与有功功率变化很小。

两次风速阶跃扰动情况下，无功功率与发电机励磁电流基本不变，说明有功功率与无功功率控制环节充分解耦。两次风速阶跃扰动后的机械功率振荡与风电机组轴系采用两质块模型有关。

2. 算例 2：三相短路故障

当 $t=5.0s$ 时，34.5kV 线路中点处发生三相短路，0.1s 后故障清除，仿真结果如图 3-37 所示。

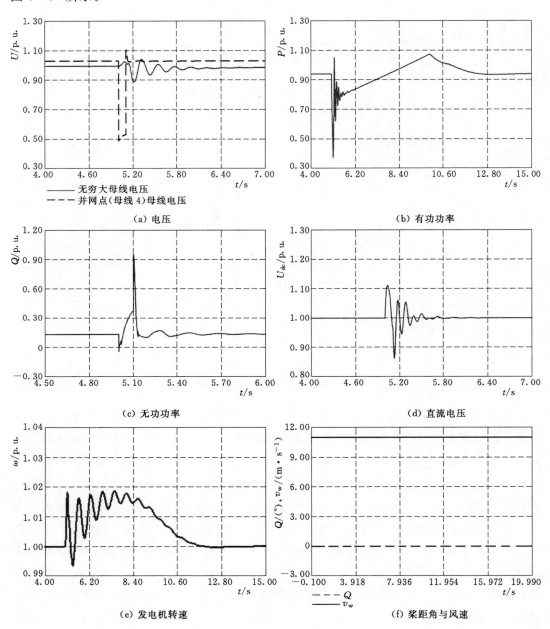

图 3-37 算例 2 仿真结果一

由图 3-37 可见，34.5kV 线路发生三相短路，由于变流器将电网与发电机解耦，电网侧的变化不会在机侧得到充分响应，相比机端母线电压，并网点母线电压的波动较为明显。机端电压的振荡与发电机的动态特性密切相关。短路瞬间，伴随着网侧电压的迅速下降，风电机组向电网注入的有功功率减少，此时由于机组轴系惯性与变流器及其控制系统完全响应的延时，致使机组转速与直流电压上升。

根据模型中故障穿越控制及保护模块的设定，当并网点电压降至 0.9p.u. 以下时，风电机组应对电网提供无功电流支撑。从图 3-37（a）和图 3-37（c）可以看出，当三相短路发生瞬间，并网点电压迅速降低，此时无功支撑电流与测量环节等因延时而不能立即响应指令，在故障发生 0.03s 内，风电机组从电网吸收无功功率，随后才向电网发出无功功率，支撑电网电压。同样，故障恢复瞬间，电网电压迅速恢复，由于部分环节响应延时，无功功率与并网点电压均出现短暂冲击。随着短路故障清除，风电机组各物理量逐渐恢复，其中，有功功率按照设定的恢复速率进行爬升，而爬升至故障前出力后仍继续增加，与 MPPT 环节采用的转速—功率插值表有关。

为了检验保护模块动作逻辑的合理性，将大扰动改为：$t=2s$ 时，并网点母线发生三相接地短路故障，此时机端电压跌落至接近 0，$t=2.5s$ 时，故障恢复，仿真结果如图 3-38 所示。需要说明的是，该处的大扰动故障设置与现场不一定相符，仅是为了验证保护中切机逻辑的合理性，以供参考。由图 3-38 可知，当并网点电压过低，且持续时间较长，超出了风电机组低电压穿越曲线的范围时，风电机组从电网中自动切出。

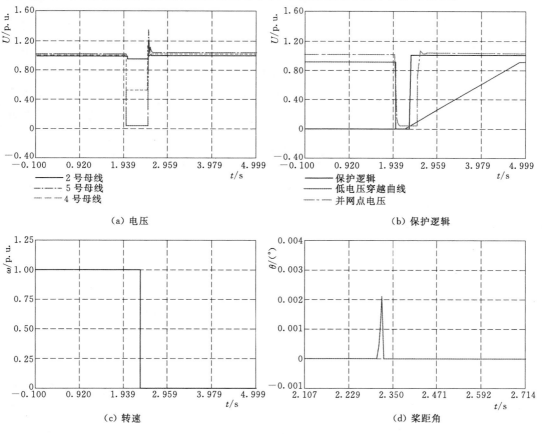

（a）电压 　　　　　　　　　　　　　（b）保护逻辑

（c）转速 　　　　　　　　　　　　　（d）桨距角

图 3-38　算例 2 仿真结果二

3.5　风电机组的通用化模型

3.5.1　通用化模型研究概况

目前，在电力系统安全稳定分析中，风电机组模型的获取大体有两种方式，一种是设备制造商和电站运营商提供，由第三方测试机构对模型进行测试认证。该方式可解决模型的准确性问题，但模型具有针对性，与装置存在较强的对应关系，同时由于受到保密协议的限制，数据转换、模型验证，以及控制策略改进和实现等都无法由协议以外的研究和工程技术人员实现，这无疑给风电机组模型的发展和推广应用带来障碍。与其形成对比的是，在常规能源发电中，同步发电机、励磁、调速和 PSS 等模型已被统一化，IEEE 推荐的模型可方便地在不同厂商、不同型号或系列产品间互通，并被广泛接受。由此引出建立风电机组暂态模型的第二种方式，即在风电机组暂态模型通用化结构的基础上，以试验或测试数据为基础，利用参数辨识技术获取模型参数，以实现对风力发电系统的合理建模，即风电机组的通用化模型。

所谓模型通用化，是指对于具有类似并网接口和控制的新能源发电系统，所提出的模型应具有较强的适应性，模型参数不依赖于厂商提供，可通过测试和辨识等手段获取，并且可通过合适的模块选取和参数设置实现对不同新能源发电形式与不同产品动态特性的描述。通用化模型应具备的特征有：①公开性；②模块化；③参数化；④扩展性强；⑤可跨平台移植；⑥有效性。风电机组通用化模型属于机电暂态时间尺度范畴，因此其不适用于电磁暂态和中长时间尺度方面的仿真分析，对于一些特定研究，仍需详细模型或对风电机组通用化模型进行合理地改进。具体地，风电机组通用化模型使用注意事项见表 3-5。

表 3-5　　　　　　　　　　风电机组通用化模型使用注意事项

注意事项	典型适用范围
电气故障时间	3~6 个周期①
仿真时长/s	20~30
仿真步长/ms	50~100
扰动频率/Hz	0~10
功率变化范围/%	25~100
初始化	需潮流计算结果②
无功补偿装置	用户自定义
动力部分	线性简化模型
传动链	单/双质块可选
适用工况	正序对称网络、对称故障、短路比大于 2

①　1 个周期为 1/50s 或 1/60s。
②　当发电机出力低于额定功率时，桨距角设定在最小值，一般为 0°，风速由初始化计算得到，当发电机额定功率运行时，需要用户先设定一个合理的风速值，桨距角由初始化计算得到。

3.5.2　通用化模型结构

　　Ⅲ型风电机组和Ⅳ型风电机组已构成风电市场的主流机型，其模型已具有高度通用

的模型结构和模块化特征，如图 3 - 39
所示。图中，P_{ord} 为根据 MPPT 计算
得到的有功功率指令；P_{ref0} 和 Q_{ref0} 为场
站级控制系统下达给风电机组的有功
功率和无功功率控制指令，I_{pcmd} 和
I_{qcmd} 为电气控制模块计算得到的有功
和无功电流指令，传递给发电机/变流
器；P_e 和 Q_e 为风电系统发出的有功和
无功功率。考虑到模型后续发展，发
电机/变流器与电气控制模块留有电压
指令 U_{cmd} 和磁链指令 Ψ_{cmd} 接口。

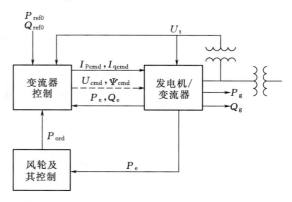

图 3 - 39　风电机组通用化模型结构

　　具体地，Ⅲ型风电机组和Ⅳ型风电机组的实现框图如图 3 - 40 所示，图中，I_p 为注
入电网的有功电流，θ 为桨距角，I_q 为注入电网的无功电流，U_{reg}、U_{ref} 为并网点电压及
其参考值，I'_{pcmd} 为未经限流的有功电流指令，Q_{reg}、Q_{ref} 为风电场向电网注入的无功功率
及其参考值，I'_{qcmd} 为未经限流的无功电流指令，P_{plant}、P_{pref} 为风电场向电网注入的有功
功率及其参考值，Q_{gen} 为风电机组向电网注入的无功功率，F_{req}、F_{ref} 为风电场并网点的
频率及其参考值，P_{ref} 为由转矩控制计算得到的有功功率参考值，Q_b 为用户自定义节点
的无功功率，P_{ord} 为有功功率控制输出的有功功率指令，I_b 为用户自定义节点的无功电
流，ω_{ref} 为有功功率计算得到的转速参考值。Ⅲ型风电机组和Ⅳ型风电机组可通过对 7 个模

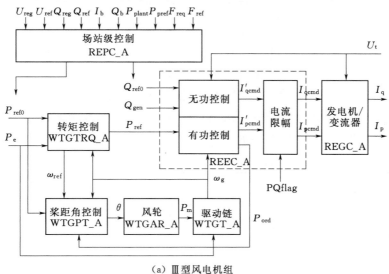

（a）Ⅲ型风电机组

图 3 - 40（一）　Ⅲ型风电机组和Ⅳ型风电机组实现框图

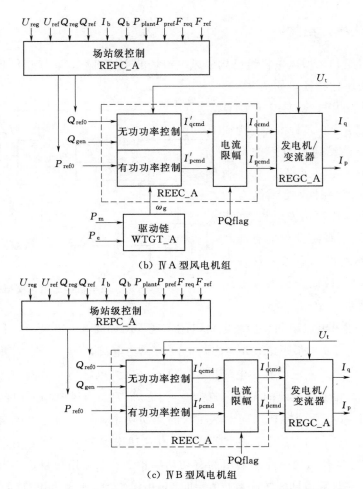

（b）ⅣA型风电机组

（c）ⅣB型风电机组

图 3-40（二） Ⅲ型风电机组和Ⅳ型风电机组实现框图

块选择搭配实现，分别为：①发电机/变流器（REGC_A）；②电气控制（REEC_A）；③驱动链（WTGT_A）；④风轮（WTGAR_A）；⑤桨距角控制（WTGPT_A）；⑥转矩控制（WTGTRQ_A）；⑦场站级控制（REPC_A）。模块搭配见表 3-6。其中，Ⅳ型风电机组，分别为ⅣA型风电机组和ⅣB型风电机组，区别在于研究对象有无关注风电机组的机械振荡，对于关注机械振荡的ⅣB型风电机组模型需计及驱动链的作用。场站级控制（REPC_A）将在第 6 章介绍。

表 3-6   Ⅲ型风电机组和Ⅳ型风电机组模型模块搭配

类型	REGC_A	REEC_A	WTGT_A	WTGAR_A	WTGPT_A	WTGTRQ_A	REPC_A
Ⅲ型风电机组	√	√	√	√	√	√	√
ⅣA型风电机组	√	√	√				√
ⅣB型风电机组	√	√					√

1. REGC_A 模型

REGC_A 模型如图 3-41 所示。REGC_A 对发电机和变流器进行了充分简化，只采用一阶惯性环节描述。为了模拟变流器的保护环节，模块中还分别加入了高压无功电流管理和低压有功电流管理功能。当机端电压 U_t 高于设定值 U_{olim} 时，通过状态开关切换，将向电网注入的无功电流 I_q 变为 $K_{hv} I_q (U_t - U_{olim})$，从而使向电网注入的无功功率迅速降低，系统端电压得到快速恢复。当机端电压 U_t 低于某一设定值 $Lp1$ 时，通过查表获取一个增益 $Gain(Gain < 1)$，将向电网注入的有功电流 I_p 变为 $Gain \cdot I_p$，使向电网注入的有功功率加速下降，以限制系统向电网的有功功率注入，从而有助于系统快速恢复。此外，低电压期间，风电系统向电网注入的有功电流将受到通过查表求得的 $lvpl$ 限幅，功率恢复速率由 $rrpwr$ 决定。

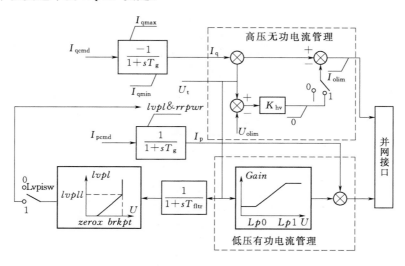

图 3-41 REGC_A 模型

2. REEC_A 模型

REEC_A 模型包括有功功率控制、无功功率控制和电流限制 3 个环节，如图 3-42 所示，其参数描述见表 3-7。

表 3-7　　　　　　　　　　　　REEC_A 模型参数描述

参数	参 数 描 述	参考取值
T_{rv}	电压滤波（测量）时间常数	$0.01 \sim 0.02s$
dbd1	电压跌落期间的控制死区	$-0.1 \sim 0$ p. u.
dbd2	电压上升期间的控制死区	$0 \sim 0.1$ p. u.
K_{qv}	电压跌落期间注入无功电流增益	$0 \sim 10$ p. u.
I_{qh1}	注入无功电流 I_{qinj} 的上限幅	$1 \sim 1.1$ p. u.
I_{ql1}	注入无功电流 I_{qinj} 的下限幅	$-1.1 \sim 1$ p. u.
U_{ref0}	用户自定义的电压参考值	$0.95 \sim 1.05$ p. u.
I_{qfrz}	零电压时注入无功电流值（保持 $Thld$ s）	$-0.1 \sim 0.1$ p. u.
$Thld$	零电压时注入无功电流保持时间	$-1 \sim 1s$
$Thld2$	零电压时有功电流上限保持时间	$0s$
PFQ_{ref}	功率因数，由潮流结果初始化计算得到	—

参数	参数描述	参考取值
T_p	有功功率滤波（测量）时间常数	$0.01 \sim 0.1\mathrm{s}$
Q_{max}	无功功率上限幅	$0.4 \sim 1\mathrm{p. u.}$
Q_{min}	无功功率下限幅	$-1 \sim 0.4\mathrm{p. u.}$
U_{max}	电压控制环节的电压上限幅	$1.05 \sim 1.1\mathrm{p. u.}$
U_{min}	电压控制环节的电压下限幅	$0.9 \sim 0.95\mathrm{p. u.}$
K_{qp}	比例增益	—
K_{qi}	积分增益	—
K_{vp}	比例增益	—
K_{vi}	积分增益	—
U_{ref1}	电压内环控制用户自定义电压参考	默认 $0\mathrm{p. u.}$
T_{iq}	延时环节时间常数	$0.01 \sim 0.02\mathrm{s}$
$\mathrm{d}P_{max}$	有功功率参考值变化速率上限幅	—
$\mathrm{d}P_{min}$	有功功率参考值变化速率下限幅	—
P_{max}	有功功率上限幅	$1\mathrm{p. u.}$
P_{min}	有功功率下限幅	$0\mathrm{p. u.}$
I_{pmax}	变流器有功电流最大限幅	$1.1 \sim 1.3\mathrm{p. u.}$
PFflag	无功功率控制模式开关逻辑	—
Uflag	电压控制模式开关逻辑	—
Qflag	无功功率控制模式开关逻辑	—

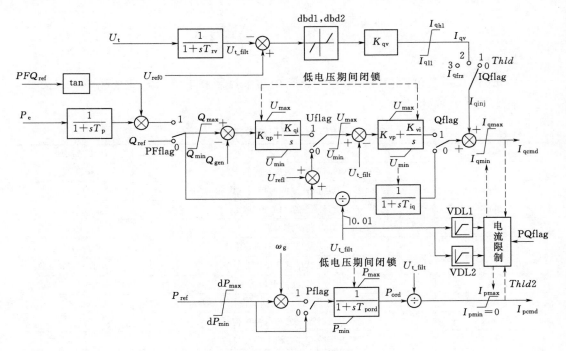

图 3-42 REEC_A 模型

REEC＿A 模型给出了两种无功电流指令控制模式，一种用于稳态运行，一种用于低电压工况，两者之间通过开关 IQflag 切换实现，逻辑如图 3－43 所示。当机端电压 U_t 小于设定值 U_{dip}（典型值为 $0.85{\sim}0.9\text{p.u.}$）且大于 0p.u. 时，Voltage＿dip＝1；IQflag 状态由 0 变为 1，风电系统向电网注入的无功电流 $I_{qinj}=I_{qv}=(U_{ref0}-U_t)K_{qv}$；当 U_t 跌至 0p.u.，若定义 $Thld<0\text{s}$，I_{qinj} 维持 I_{qv}，$|Thld|\text{s}$ 后，IQflag 状态由 1 变为 0，若定义 $Thld>0\text{s}$，IQflag 状态由 1 变为 2，$I_{qinj}=I_{qfrz}$，并在 $Thld\text{s}$ 后，IQflag 状态由 2 变为 0，系统向电网注入的无功电流 I_{qinj} 为 0p.u.。

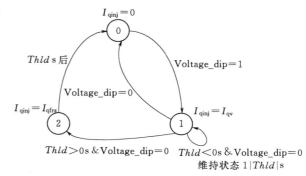

图 3－43　低压无功电流控制开关切换逻辑

　　在电流限制环节中，REEC＿A 采用动态限幅模式，由开关 PQFlag 逻辑进行选择。当 PQflag＝0 时，无功电流优先限制模式启动，有

$$\begin{cases} I_{qmax}=\min\{VDL1,I_{max}\} \\ I_{qmin}=-I_{qmax} \\ I_{pmax}=\min\{VDL2,\sqrt{I_{max}^2-I_{pound}^2}\} \\ I_{pmin}=0 \end{cases} \qquad (3-41)$$

　　当 PQFlag＝1 时，有功电流优先限制模型启动，有

$$\begin{cases} I_{qmax}=\min\{VDL1,\sqrt{I_{max}^2-I_{pound}^2}\} \\ I_{qmin}=-I_{qmax} \\ I_{pmax}=\min\{VDL2,I_{max}\} \\ I_{pmin}=0 \end{cases} \qquad (3-42)$$

式中参数 VDL1 和 VDL2 可根据机端电压查表求得。

3. WTGT＿A 模型

单质块模型示意如图 3－6 所示，其数学模型为

$$2H\frac{d\omega_w}{dt}=T_m-T_e \qquad (3-43)$$

由式（3－43）得到单质块轴系模型如图 3－7 所示。

双质块模型考虑了风轮转轴（低速轴）的柔性和阻尼特性，示意如图 3－8 所示，其数学模型为

$$\begin{cases} 2H_w\frac{d\omega_w}{dt}=T_m-D_w\omega_w-K\theta_s \\ 2H_g\frac{d\omega_g}{dt}=-T_g-D_g\omega_g+K\theta_s \\ \frac{d\theta_s}{dt}=\omega_s(\omega_w-\omega_g) \\ \theta_s=\omega_w-\omega_g \end{cases} \qquad (3-44)$$

由式（3-44）得到双质块轴系模型如图3-9所示。

4. WTGAR_A 模型

WTGAR_A 模型如图3-44所示。图中，θ 为实际桨距角；θ_0 为初始桨距角，一般为 $0°$；K_a 为空气动力学增益，一般为 $0.007\mathrm{p.\,u.}/(°)$；P_{m0} 为初始机械功率。

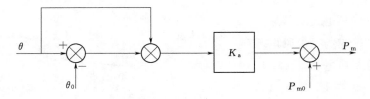

图 3-44　WTGAR_A 模型

由图3-44可知，WTGAR_A 可简化为

$$P_m = P_{m0} - K_a\theta\ (\theta - \theta_0) \qquad (3-45)$$

从而巧妙地绕开了对 C_P 曲线的需求，当发电机出力低于额定功率时，桨距角 θ 保持初始值 $0°$，有

$$P_{m0} = P_m = P_e \qquad (3-46)$$

即 P_{m0} 由风电系统潮流结果初始化计算得到。当发电机额定功率运行时，需要用户先设定一个合理的风速值，P_{m0} 可由功率与风速间的线性关系求得。

5. WTGTRQ_A 模型

WTGTRQ_A 模型如图3-45所示，参数描述见表3-8。表中 $f(P_e)$ 函数曲线如图3-46所示。图中：(ω_{g1}, P_{e1})、(ω_{g2}, P_{e2})、(ω_{g3}, P_{e3})、(ω_{g4}, P_{e4}) 由用户自定义，其典型值见表3-9。

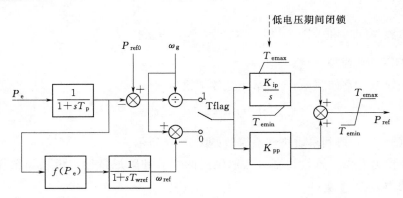

图 3-45　WTGTRQ_A 模型

表 3-8　　　　　　　　　　　**WTGTRQ_A 参数描述**

参数	参数描述	取值范围
K_{ip}	积分增益	—
K_{pp}	比例增益	—

参数	参 数 描 述	取值范围
T_p	有功功率测量环节时间常数	0.5～1s
T_{wref}	参考速度滤波时间常数	30～60s
T_{emax}	电磁转矩上限幅	1.1～1.2p. u.
T_{emin}	电磁转矩下限幅	0p. u.
Tflag	转矩控制模式切换开关	默认 0
$f(P_e)$	转速和有功功率的映射关系	—

表 3 - 9　　　　　　　　　$f(P_e)$ 用户自定义点典型值

定义点	典型值	定义点	典型值
(ω_{g1}, P_{e1})	(0.2, 0.58)	(ω_{g3}, P_{e3})	(0.6, 0.86)
(ω_{g2}, P_{e2})	(0.4, 0.72)	(ω_{g4}, P_{e4})	(0.8, 1.0)

对于 WTGTRQ＿A 模型，目前尚存争议。在模型后续改进中，WTGTRQ＿A 可能会得到丰富，届时，用户可根据仿真机型对 WTGTRQ＿A 模型进行选择使用。

6. WTGPT＿A 模型

WTGPT＿A 模型如图 3 - 47 所示。图中，P_{ref} 为有功功率参考，一般取发电机额定有功功率；θ_{max} 为桨距角的上限幅，取 $27°\sim30°$；θ_{min} 为桨距角的下限幅，取 $0°$；$d\theta_{max}$ 为桨距角变化率的上限幅，取 $5°\sim10°/s$；

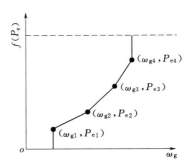

图 3 - 46　转速和有功功率的映射

$d\theta_{min}$ 为桨距角变化率的下限幅，取 $-10°\sim-5°/s$；K_{iw}、K_{pw}、K_{ic}、K_{pc} 分别为各相关环节的比例和积分增益；T_θ 为桨距角的滤波时间常数，取 0.3s；ω_{err} 为 ω_t 相对于 ω_{ref} 的转速偏差；P_{err} 为 P_{ord} 相对于 P_{ref} 的有功功率偏差；K_{cc} 为桨距角控制两个环节联系的比例增益。

3.5.3　通用化模型发展趋势

风电机组通用化模型未考虑发电机定子、转子及变流器直流等环节的快速动态特性，且模型中尚无无功补偿装置的模型，各模块也没有计及无功补偿装置的特性，导致故障发生与恢复瞬间，难以模拟发电机内及并网接口的无功功率的动态变化过程。仿真过程中，用户需根据需求，自定义无功补偿装置的模型，给风电场模型的建立带来不便。因此，充分考虑无功补偿与风电场运行的关系，建立无功补偿装置模型，使之固化为通用化模型中的一个可选模块，或者通过对现有模块进行优化，以计及无功补偿装置动态特性的影响；同时，对风电机组通用化模型，尤其是对无功功率控制环节进行优

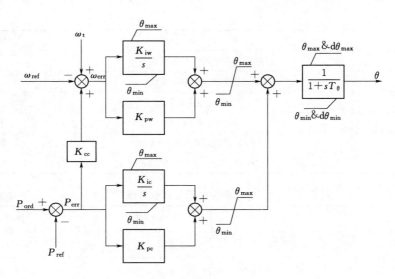

图 3-47　WTGPT_A 模型

化，使其能够适应包含风电场电力系统短路电流的计算，更为有效地反映实际情况，也是拓宽模型适用范围的一个方向。

此外，与风力发电系统类似，大多数新能源发电都以电力电子接口形式并网，且采用有功功率、无功功率解耦控制，目前，光伏发电通用化模型与风电机组通用化模型对应模块通过参数设置可实现通用，那么该模型对于储能、波浪能发电等其他以电力电子接口并网的发电系统是否具有良好的适应性，值得研究。

参 考 文 献

［1］　国家能源局. NB/T 31066—2015 风电机组电气仿真模型建模导则［S］. 北京：中国电力出版社，2016.

［2］　刘吉臻. 新能源电力系统建模与控制［M］. 北京：科学出版社，2015.

［3］　夏长亮. 永磁风力发电系统运行于控制［M］. 北京：科学出版社，2012.

［4］　周双喜，鲁宗相. 风力发电与电力系统［M］. 北京：中国电力出版社，2011.

［5］　钱敏慧，陈宁，孙蔚. 变速恒频风电机组预报—校正变桨控制策略［J］. 电力系统自动化，2013，37（20）：22-27.

［6］　蔡旭，李征. 风电机组与风电场的动态建模［M］. 北京：科学出版社，2016.

［7］　DIgSILENT GmbH. DIgSILENT PowerFactorymanual version 15.2［S］. 2014.

［8］　鞠平. 风力系统建模理论与方法［M］. 北京：科学出版社，2010.

［9］　晉鹏，周孝信，田芳. 双馈式风力发电机的机电暂态建模［J］. 中国电机工程学报，2015，35（5）：1106-1114.

［10］　中国国家标准委员会. GB/T 19963—2012 风电场接入电力系统技术规定［S］. 北京：中国标准出版社，2012.

［11］　R Krishnan. Permanet magnet synchronous and brushless DC motor drives［M］. New York：CRC press，Taylar & Francis Group，2010.

［12］ 张磊，朱凌志，姜达军，等. 直驱风电机组模型构建方法及其实现［J］. 电网技术，2016，40（11）：3474 – 3481.

［13］ Bin Wu，Yongqiang Lang，Navid Zargari，et al. Power conversion and control of wind energy systems［M］. The USA：Wiley – IEEE Press，2011.

［14］ 陈瑶. 直驱型风力发电系统全功率并网变流技术的研究［D］. 北京：北京交通大学，2008.

［15］ 李生虎，朱婷涵，华玉婷. 不同定向约束下直驱永磁同步风电机组多稳态解探讨［J］. 电力系统自动化，2014，38（19）：28 – 32，73.

［16］ 王生铁，张润和，田立欣. 小型风力发电系统最大功率控制扰动法及状态平均建模与分析［J］. 太阳能学报，2006，27（8）：828 – 834.

［17］ 张崇巍，张兴. PWM 整流器及其控制［M］. 北京：机械工业出版社，2003.

［18］ Vladislav Akhmatov. 风力发电用感应发电机［M］. 本书翻译组，译. 北京：中国电力出版社，2009.

［19］ 姚良忠. 间歇式新能源发电及并网运行控制［M］. 北京：中国电力出版社，2016.

［20］ 高峰，周孝信，朱宁辉. 直驱式风电机组机电暂态建模及仿真［J］. 电网技术，2011，35（11）：29 – 34.

［21］ W W Price，J J Sanchez – Gasca. Simplified wind turbine generator aerodynamic models for transient stability studies［C］// IEEE PES Power System Conference and Exposition，Atlanta，GA，USA，2006.

［22］ FGW. Technical guidelines for power generating units，part 4 – demands on modeling and validating simulation models of the electrical characteristics of power generating units and systems［R］. Rev 4，2010. 10.

［23］ Massimo Bongiorno，Torbjörn Thirnger. A generic DFIG model for voltage dip ride – though analysis［J］. IEEE Transactions on Energy Conversion，2013，28（1）：76 – 85.

［24］ IEEE recommended practice for excitation system models for power system stability studies［S］. IEEE Std 421. 5TM – 2005（Revision of IEEE Std 421. 5 – 1992）.

［25］ 中国电力科学研究院. 电力系统分析综合程序 7.0 版［R］. 北京，2010.

［26］ NREL. Final project report – WECC wind generator development［R］. California，USA，2010.

［27］ A Ellis，Y Kazachkov，E Muljadi，et al. Description and technical specifications for generic WTG models – a status report［C］// Power Systems Conference and Exposition（PSCE），Phoenix，AZ，USA，2011.

［28］ Pouyan Pourbeik. Specification of the second generation generic models for wind turbine generators［R］. Palo Alto，Carlifornia，USA，2013.

［29］ North American Electric Reliability Corporation（NERC），Integration of Variable Generation Task Force（IVGTF）Task1 – 1. Standard models for variable generation［R］. Princeton，USA，2010.

［30］ Babak Badrzadeh，Vestas Technology R&D. Vestas on type3 and 4 generaic wind turbine models（PPT）［R］. Salt Lake City，Utah，USA，2011.

［31］ Lars Lindgren，Jörgen Svensson，Lars Gertmar. Generic models for wind power plants：needs and previous work［R］. Stockholm，Sweden，2012.

［32］ P Pourbeik，A Ellis，J Sanchez – Gasca，et al. Generic stability models for type 3&4 wind turbine generators for WECC［C］// Power and Energy Society General Meeting（PES），Vancouver，British Columbia，Canada，2013.

［33］ N W Miller，W W Price，J J Sanchez – Gasca. Dynamic modeling of GE 1. 5 and 3. 6 wind turbine – generators（Version 3. 0）［R］. Schenectady，USA，2003.

［34］ Kara Clark，N W Miller，J J Sanchez–Gasca. Modeling of GE wind turbine–generators for grid-studies ［R］. Schenectady，USA，2010.

［35］ WECC Renewable Energy Modeling Task Force. WECC wind power plant dynamic modeling guide ［R］. Salt Lake City，Utah，USA，2010.

［36］ P Pourbeik. Technical update–generic models and model validation for wind turbine generators and photovoltaic generation ［R］. Palo Alto，California，USA，2013.

［37］ Pouyan Pourbeik. Proposed changes to the WECC WT4 generic model for type4 wind turbine generators ［R］. Palo Alto，Carlifornia，USA，2011.

［38］ Pouyan Pourbeik. Proposed changes to the WECC WT3 generic model for type3 wind turbine generators ［R］. Palo Alto，Carlifornia，USA，2012.

［39］ WECC Renewable Energy Modeling Task Force. WECC wind power plant dynamic modeling guide ［R］. Salt Lake City，Utah，USA，2014

［40］ 张磊，朱凌志，陈宁，等. 风力发电统一模型评述 ［J］. 电力系统自动化，2016，40（12）：207–215.

［41］ 张磊，朱凌志，陈宁，等. 新能源发电模型统一化研究 ［J］. 电力系统自动化，2015，39（24）：129–138.

第4章 光伏发电建模技术

电力系统机电暂态仿真计算步长为 $1\sim10ms$。光伏发电的并网设备为电力电子设备，其开关频率范围为几千赫兹至几十千赫兹。因此，建立光伏电站的机电暂态模型时，需对其物理模型进行降阶处理，简化电力电子设备的开关过程和小于仿真步长的控制过程。光伏电站的机电暂态特性受逆变器和场站级控制的影响，可采用通用化结构和基本模块对具有不同控制策略的光伏电站建模。此外，由于光伏电站详细模型需包含站内所有电气设备，会影响仿真的计算量和收敛性，因此，考虑光伏电站拓扑结构和集电升压系统的影响，建立光伏电站等值模型是比较好的处理方式。

本章依据现有的光伏电站典型结构，给出了通用化的光伏电站机电暂态模型结构，包括逆变器群等值模型、光伏阵列等值模型和场站级控制系统模型，详细阐述光伏阵列、逆变器的机电暂态模型结构及参数，讨论光伏电站等值建模方法及原则。最后，给出常用电力系统仿真工具中实现的光伏电站模型及参数。

4.1 光伏发电的模型结构

大型光伏电站的容量从几兆瓦到几百兆瓦不等，由多个光伏发电单元并联而成。针对目前典型的逆变器类型，给出两种典型光伏电站拓扑结构，如图 4-1 所示。其中，集中式光伏逆变器所组成的光伏电站包含多个串并联的光伏发电单元，每个发电单元包含 1 台变压器、1~4 台集中式逆变器，逆变器通过单元升压变压器与并网点连接，每台逆变器单独与场站级控制系统通信；组串式光伏逆变器组成的光伏电站包含多个串并联的光伏发电单元，每个发电单元包含 1 台变压器、1 个数据采集器（简称数采）和数十台组串式逆变器，逆变器通过单元升压变压器与并网点连接，通过数采与场站级控制系统通信。

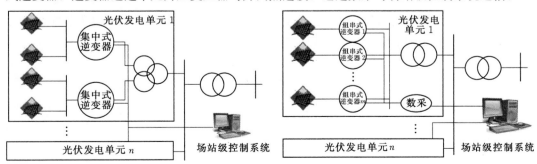

(a) 集中式逆变器光伏电站　　　　　　　(b) 组串式逆变器光伏电站

图 4-1　光伏电站典型拓扑

光伏电站的模型结构如图 4-2 所示，包括多个光伏发电单元模型、站内集电升压系统模型以及场站级控制系统模型；光伏发电单元机电暂态模型包含光伏阵列模型、逆变器模型、单元升压变压器模型 3 个部分。

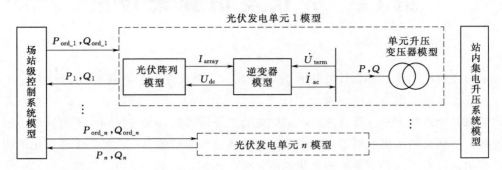

图 4-2　光伏电站的模型结构

一般情况下，在电力系统机电暂态仿真中，可将电站内所有光伏发电单元用一个光伏发电单元等值代替，则光伏电站通用化机电暂态模型结构如图 4-3 所示，主要包括光伏阵列模型、光伏逆变器模型、场站级控制系统模型、电站集电线路模型和电站变压器模型等。

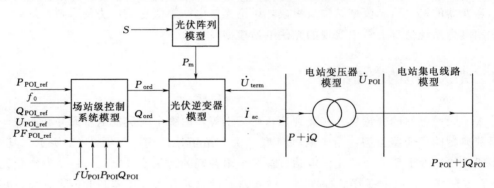

图 4-3　光伏电站通用化机电暂态模型结构

图 4-3 中，光伏阵列模型用于模拟环境变化对光伏电站的光伏阵列功率特性的影响，光伏逆变器模型用于描述光伏电站内所有光伏逆变器的暂态特性；场站级控制系统模型用于描述光伏电站协调控制的总体特性。需要注意的是，电站变压器模型需表征电站内集电升压系统的总阻抗特性，对于接入电网电压等级较高的光伏电站，可建立 2 级变压器模型。

4.2　光伏阵列模型

4.2.1　光伏组件理论模型

光伏组件将太阳能转换为直流电能，其实质是一个大面积平面二极管，可以用如图

4-4 所示的单二极管等效电路来描述。图中，I_{ph} 为光生电流，随太阳辐射量和温度变化，取决于辐照度、电池的面积和本体的温度 T；I_0 为旁路二极管反向饱和电流，受温度影响；R_s 为串联电阻，包括本体电阻、表面电阻、电极导体电阻和电极与硅表面接触电阻；R_{sh} 为并联电阻，用来反映硅片边缘的不清洁或体内的缺陷。

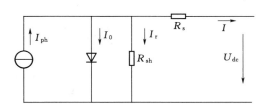

图 4-4 光伏组件等效电路

按照图 4-4 所规定的电流、电压参考方向，可得出太阳电池的非线性 $I-U$ 特性方程为

$$I = I_{ph} - I_0 \left[e^{\frac{q(U_{dc}+IR_s)}{AkT}} - 1 \right] - \frac{U+IR_s}{R_{sh}} \qquad (4-1)$$

式中 I_0——旁路二极管反向饱和电流；

  q——电子电量，1.602×10^{-19}C；

  k——玻尔兹曼常数，1.381×10^{-23}J/K；

  A——二极管曲线因子，取值为 1～2；

  T——光伏组件本体的温度，K。

4.2.2 光伏组件工程应用模型

当 $I_{ph} \gg (U_{dc}+IR_s)/R_{sh}$，且短路时流经二极管的电流非常小时，则可近似认为光伏组件的短路电流 $I_{sc} \approx I_{ph}$。通常，光伏组件的串联电阻 R_s 很小，而并联电阻 R_{sh} 很大，这样使得光伏组件的能量转换效率对 R_s 的变化非常敏感，但 R_{sh} 的变化对光伏组件的能量转换效率影响不大。对于理想的单体光伏组件，可近似认为 $R_s \rightarrow 0$，$R_{sh} \rightarrow \infty$。这样，式（4-1）可简化为

$$I = I_{sc} \left[1 - \alpha \left(e^{\beta U} - 1 \right) \right] \qquad (4-2)$$

其中

$$\begin{cases} \alpha = \left(\dfrac{I_{sc}-I_m}{I_{sc}} \right) \dfrac{U_{oc}}{U_{oc}-U_m} \\ \beta = \dfrac{1}{U_{oc}} \ln \dfrac{1+\alpha}{\alpha} \end{cases} \qquad (4-3)$$

由式（4-2）可见，光伏组件的数学模型可用其 4 个技术参数，即开路电压 U_{oc}、短路电流 I_{sc}、最大功率点电压 U_m 和最大功率点电流 I_m 表达。这 4 个参数均可在标准测试环境（参考辐照度 $S_{ref} = 1000$W/m^2 和参考环境温度 $T_{ref} = 25$℃）下测试得到。

式（4-2）描述标准辐照度 $S_{ref} = 1000$W/m^2，标准温度 $T_{ref} = 25$℃下的特性曲线，当辐照度和参考温度发生变化，不等于参考辐照度和温度时，就不再适用了，需要加以修正来描述新的特性曲线。可以采用的方法是根据标准辐照度 S_{ref} 和标准温度 T_{ref} 下的 I_{sc}、U_{oc}、I_m、U_m 推算出一般工况（辐照度 S 和温度 T）下的 I'_{sc}、U'_{oc}、I'_m、U'_m，然后

利用式 (4-2) 进行非标准工况下的输出特性工程计算。

首先，计算出一般工况与标准工况的温度差 ΔT 和相对辐照度差 ΔS，即

$$\begin{cases} \Delta T = T - T_{ref} \\ \Delta S = S - S_{ref} \end{cases} \tag{4-4}$$

然后，计算一般工况下的 I'_{sc}、U'_{oc}、I'_m、U'_m，即

$$\begin{cases} I'_{sc} = I_{sc} \dfrac{S}{S_{ref}} (1 + a\Delta T) \\ U'_{oc} = U_{oc} (1 - c\Delta T) \ln(1 + b\Delta S) \\ I'_m = I_m \dfrac{S}{S_{ref}} (1 + a\Delta T) \\ U'_m = U_m (1 + c\Delta T) \ln(1 + b\Delta S) \end{cases} \tag{4-5}$$

推算过程中，假定输出特性曲线基本形状不变，对于硅材料光伏组件，系数 a、b、c 的典型推荐值为 $a = 0.0025/℃$，$b = 0.0005$，$c = 0.00288/℃$。

将所求得的新工况下的 I'_{sc}、U'_{oc}、I'_m、U'_m 取代标准工况下的 I_{sc}、U_{oc}、I_m、U_m，便可利用式 (4-3) 求得新工况下的 α 和 β，且可进一步利用式 (4-5) 求得新工况下的输出特性，解决了任意辐照度和温度下的输出特性计算问题。

根据式 (4-2) ~ 式 (4-5) 所给出的数学模型，结合光伏组件生产商提供的 2 个参数 (表 4-1)，绘制出不同类型的光伏组件 $P-U$ 特性曲线，如图 4-5 所示。

表 4-1 光伏组件标准测试工况下的 4 个参数

光伏组件	I_{sc}/A	U_{oc}/V	I_m/A	U_m/V
单晶硅	9.77	48.0	9.30	39.3
多晶硅	9.40	38.2	8.92	31.4

由图 4-5 可知，不同类型的光伏组件都是利用光伏效应，发电原理相似，因此 $P-U$ 特性类似，仅技术参数不同。因此，同样可根据厂商提供的 4 个技术参数 U_{oc}、I_{sc}、U_m、I_m 来模拟。

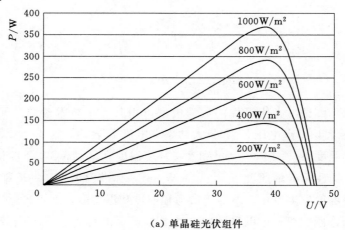

（a）单晶硅光伏组件

图 4-5（一） 光伏组件 $P-U$ 特性曲线

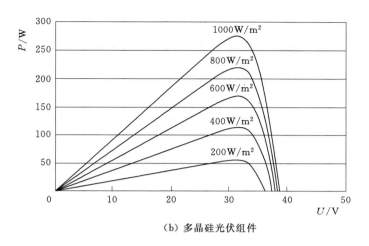

（b）多晶硅光伏组件

图 4-5（二） 光伏组件 P-U 特性曲线

4.2.3 光伏阵列等值模型

光伏阵列由光伏组件以不同的串并联方式组成，其模型可根据光伏组件工程应用模型建立。

由于安装方式、跟踪方式、阴影等因素只需要对输入辐照度参数进行修正和等效，因此根据光伏组件工程应用模型，采用倍乘方法建立光伏阵列仿真模型，串联后的阵列输出电压为各光伏组件电池输出电压之和，并联后阵列输出的电流为各个光伏组件输出电流之和，并对参数做标幺化处理。

根据参考辐照度和参考温度下的 4 个参数，推导出任意辐照度和电池温度下的光伏阵列的 I-U 特性与参数，即

$$
\begin{cases}
I'_{sc} = I_{sc} \dfrac{S}{S_{ref}} [1 + a(T - T_{ref})] \\[2mm]
U'_{oc} = U_{oc} \ln[e + b(S - S_{ref})][1 - c(T - T_{ref})] \\[2mm]
\alpha = \left(\dfrac{I'_{sc} - I'_{m}}{I'_{sc}} \right)^{\frac{U'_{oc}}{U'_{oc} - U'_{m}}} \\[3mm]
\beta = \dfrac{1}{U'_{oc}} \ln \dfrac{1 + \alpha}{\alpha} \\[2mm]
U = U_{dc}/n \\[2mm]
I_{array} = m I'_{sc} [1 - \alpha(e^{\beta U} - 1)]
\end{cases}
\tag{4-6}
$$

式中　m——光伏组件串联个数；

　　　n——光伏组件并联个数；

　　I_{array}——光伏阵列输出电流；

　　　U_{dc}——逆变器直流侧电压。

根据式（4-6），绘制出不同辐照度下光伏阵列的 P-U 特性曲线，如图 4-6 所示。

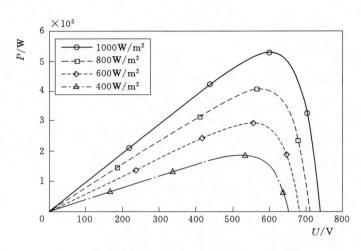

图 4-6 不同辐照度下的光伏阵列 P-U 特性曲线

从式（4-6）中可以看出，光伏阵列模型的输入常量主要有 I_{sc}、U_{oc}、I_m、U_m、a、b、c；输入变量主要有 S、T、U_{dc}；输出量为 I_{array}、U'_m。

结合图 4-3，光伏阵列模型的输出为 P_m，是用于约束光伏逆变器的输出功率，式（4-6）可变换为

$$P_m = mnU'_m I'_m$$
$$= mnI_m \frac{S}{S_{ref}}[1+a(T-T_{ref})]U_m \ln[e+b(S-S_{ref})][1-c(T-T_{ref})] \tag{4-7}$$

图 4-3 中，光伏阵列模型用于模拟环境变化对光伏电站的光伏阵列功率特性曲线的影响，因此，在不考虑光伏电站内光伏阵列的个体差异与太阳辐照强度的不均衡情况下，式（4-7）中的参数 m、n 可扩展表示整个电站内所有光伏组件的等值串联个数、并联个数。

4.3 光伏逆变器模型

光伏电站机电暂态模型应能准确反映各种扰动下光伏电站并网点电压、电流的基波正序特性，这些特性主要由光伏逆变器决定，因此光伏逆变器是光伏电站建模的核心。光伏逆变器的响应特性由其控制策略和参数决定，这也是光伏逆变器建模所考虑的重点。

4.3.1 光伏逆变器典型结构及其控制

逆变器的拓扑结构包含多种类型，总体上可以分为直流滤波电容、DC/DC 环节（或可省略）、逆变环节。直流滤波电容、DC/DC 及相应的控制环节是为了保持直流电压在光伏阵列的最大功率点（MPP）；逆变及其控制可使得其输出的交流电流匹配电网，包括频率和功率因数，其中锁相环（PLL）的作用是检测逆变器并网点的频率和相角，是影响交流电流质量的关键因素。

在我国使用最普遍的逆变器类型包括集中式逆变器和组串式逆变器，针对这两种类型的逆变器，提取与机电暂态模型相关的因素，并给出对应的机电暂态模型结构。

4.3.1.1 集中式逆变器

逆变器控制主要包括 MPPT 和输出电流控制两个环节。以单级式为例，DC/AC 采用电压源型逆变器，以受控电流源的方式向电网送电，典型的功率等级范围为 $500\mathrm{kW}\sim$ $1.25\mathrm{MW}$。逆变器的电路拓扑为三相桥式电路，每相电路分上、下桥臂，每个桥臂由全控型开关器件绝缘栅双极晶体管（insulated gate bipolar transistor，IGBT）和二极管反向并联而成。通常，逆变器采用有功功率、无功功率解耦的双环控制结构，MPPT 算法获取最大功率点电压，即外环控制 U_{dcref} 与上一级有功功率指令 P_{ord} 同时作用于有功功率控制器，并输出内环有功电流控制指令 $i_{d\mathrm{ref}}$，同理可以得到无功电流控制指令 $i_{q\mathrm{ref}}$，内环控制完成输出电流。集中式逆变器典型拓扑如图 4-7 所示。图 4-8 给出了典型集中式逆变器的实物图。

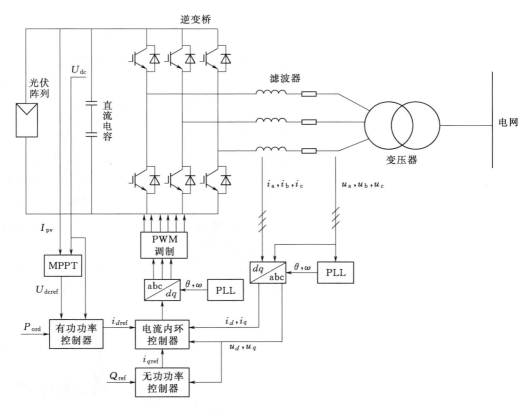

图 4-7 集中式逆变器典型拓扑

4.3.1.2 组串式逆变器

以较为常用的三组串式逆变器为例，其采用两级式结构，前级由 3 个独立的 Boost

图 4-8　典型集中式逆变器实物图

直流升压电路并联至中间直流母线，后级为 T 型三电平逆变电路，其典型拓扑如图 4-9 所示。每个直流升压电路连接不同的光伏组串，各直流变换电路采用独立的 MPPT 控制策略，避免了组串之间的功率失配问题。前级直流电路负责 MPPT 功能，后级逆变电路负责逆变功能，前、后级电路通过中间直流稳压电容连接。各 MPPT 控制策略和逆变控制策略之间实现了解耦，有利于各模块之间的设计。

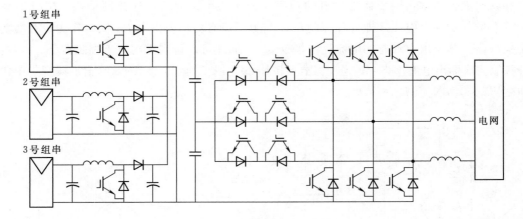

图 4-9　组串式逆变器典型拓扑

　　T 型 NPC 三电平拓扑采用两个串联的背靠背 IGBT 实现双向开关，从而将输出箝位至直流侧中点。其基本工作原理为：桥臂上管导通、其他关断，输出正电平；中间两管导通、其他管关断，输出零电平；桥臂下管导通、其他管关断，输出负电平。与两电平拓扑相比，三电平拓扑具有更小的开关损耗和滤波器损耗；与一字形 NPC 三电平相比，T 型 NPC 开关损耗相对均衡，且可采用相同的调制算法。

　　组串式逆变器与集中式逆变器的控制原理基本一致，采用有功功率、无功功率解耦控制；不同之处在于，组串式逆变器的 MPPT 通过 DC/DC 或 DC/AC 电路实现。图 4-10 给出了典型组串式逆变器的实物图。

4.3.2　光伏逆变器的模型结构

　　光伏逆变器是电力电子设备，开关频率为几千赫兹至几十千赫兹，内环控制周期小于 1ms，因此，在机电暂态建模时忽略其高频特性，并简化内环控制过程。将其视为一个具备有功功率、无功功率解耦控制特性的受控电流源（逆变器外环控制给内环控制的

图 4-10　典型组串式逆变器实物图

指令），构建包含一次能源转换、逆变器控制和并网接口的通用化光伏逆变器机电暂态模型结构，其中，光伏逆变器控制模型结构如图 4-11 所示。

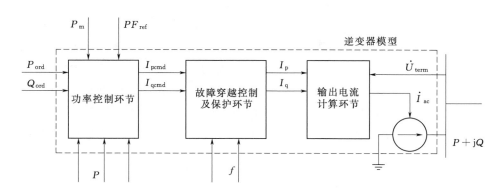

图 4-11 光伏逆变器控制模型结构

图 4-11 中，功率控制环节和故障穿越控制及保护环节共同描述光伏逆变器的外环控制特性，包括执行上级控制指令、MPPT 算法、低电压穿越控制等；输出电流计算环节描述光伏逆变器的内环控制、锁相环控制、PWM 控制、主电路功率变换及滤波电路等，由于这些环节的时间尺度多小于机电暂态计算步长，在机电暂态模型中进行了相应的简化。

4.3.3 功率控制环节

有功功率控制是模拟光伏逆变器接收并执行上级控制指令、MPPT 算法等。当光伏逆变器工作在最大功率点跟踪状态时，MPPT 算法获取光伏逆变器直流电压参考值；当光伏逆变器工作在有功功率控制状态时（通常有功功率指令小于光伏阵列最大输出功率），直流控制根据有功功率指令计算对应的直流电压参考值，两者之间的关系如图 4-12 所示。

无功功率控制则是在自身无功输出能力范围内，根据控制目标（定无功功率或定功率因数），设定无功功率参考值。

功率控制环节模型包括 MPPT、有功功率控制、无功功率控制，具体如下。

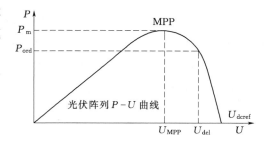

4.3.3.1 MPPT

光伏阵列的输出功率主要由辐照度、温度及直流电压决定。通过采用 MPPT

图 4-12 光伏逆变器 MPPT 与有功功率控制关系示意图

策略可以调整直流电压，使逆变器的输出功率最大化，但仍然不大于当前气象环境下的光伏阵列所能产生的最大功率。

不同 MPPT 方法都只是一种动态寻优控制策略，主要参数为步长和寻优时间。

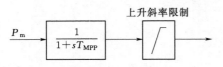

图 4 - 13　光伏逆变器 MPPT 模型

相对于机电暂态仿真的暂态过程，MPPT 跟踪过程长。因此，光伏逆变器机电暂态模型尽可能简化这个寻优过程，简化为表示寻优过程的时间常数，并直接从光伏阵列模型中获取光伏阵列的最大功率；在 MPPT 后，增加功率上升斜率限制环节，用于满足并网标准要求。光伏逆变器 MPPT 模型如图 4 - 13 所示，光伏逆变器 MPPT 简化后，输出为光伏阵列的最大功率跟踪过程中的有功功率，而非光伏阵列最大功率点电压。因此，可将光伏逆变器的直流侧模型进行合理简化。

4.3.3.2　有功功率控制

光伏逆变器的有功功率控制接收场站级控制系统指令，其控制模型如图 4 - 14 所示。

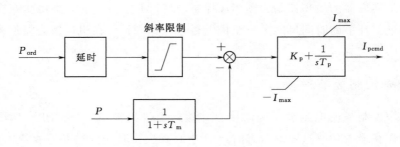

图 4 - 14　光伏逆变器有功功率控制模型

4.3.3.3　无功功率控制

无功功率控制模式可以分为定无功功率控制模式和定功率因数控制模式。定无功功率控制模式用于描述光伏逆变器接收场站级控制指令和逆变器自身执行无功功率控制方式；定功率因数控制用于描述光伏逆变器不接收场站级无功功率指令且执行功率因数控制方式。无功功率控制模型如图 4 - 15 所示。

4.3.3.4　无功功率输出范围

常规情况下，光伏逆变器优先输出有功功率，其余容量可用于输出无功功率。以逆变器交流侧母线电压为参考计算光伏逆变器的输出有功功率和无功功率，如图 4 - 16 所示。

则光伏逆变器的输出有功功率、无功功率可表示为

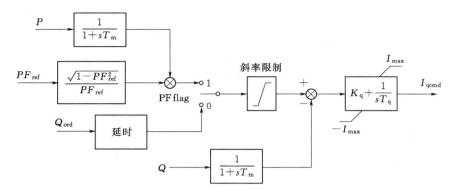

图 4-15 光伏逆变器无功功率控制模型

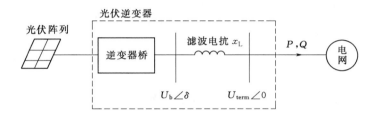

图 4-16 光伏逆变器的输出功率

$$\begin{cases} P = \dfrac{U_{\text{b}} U_{\text{term}}}{x_{\text{L}}} \sin\delta \\[3mm] Q = \dfrac{U_{\text{b}} U_{\text{term}}}{x_{\text{L}}} \cos\delta - \dfrac{U_{\text{term}}^2}{x_{\text{L}}} \end{cases} \qquad (4-8)$$

将式（4-8）两边平方后求和，有

$$P^2 + \left(Q + \dfrac{U_{\text{term}}^2}{x_{\text{L}}} \right)^2 = \left(\dfrac{U_{\text{b}} U_{\text{term}}}{x_{\text{L}}} \right)^2 \qquad (4-9)$$

P 在 $0 \sim P_{\max}$ 之间变化，光伏发电系统的实际工作区域如图 4-17 中阴影区域所示。所能发出的无功功率上、下限为

$$-\dfrac{U_{\text{term}} U_{\text{b}}}{x_{\text{L}}} - \dfrac{U_{\text{term}}^2}{x_{\text{L}}} \leqslant Q \leqslant \dfrac{U_{\text{term}} U_{\text{b}}}{x_{\text{L}}} - \dfrac{U_{\text{term}}^2}{x_{\text{L}}} \qquad (4-10)$$

考虑到逆变器的解耦控制模式，实际的无功功率极限的范围小于图 4-17 中的阴影部分。以直接电流控制模式为例分析，基于电网电压矢量定向，采用有功功率和无功功率解耦控制策略，对外呈现受控电流源特性，电网输出的有功功率 P 和无功功率 Q 分别为

$$\begin{cases} P = U_{\text{term}} I_{\text{p}} \\[2mm] Q = -U_{\text{term}} I_{\text{q}} \end{cases} \qquad (4-11)$$

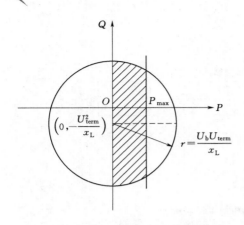

图 4-17　光伏逆变器的工作区域

式中　I_p——逆变器电流的有功分量；

　　　　I_q——逆变器电流的无功分量。

逆变器的最大允许电流受开关管容量的限制，有

$$I_p^2 + I_q^2 \leqslant I_{max}^2 \qquad (4-12)$$

式中　I_{max}——逆变器的最大允许电流。

由式（4-11）和式（4-12）可以推出，逆变器的无功功率极限为

$$-\sqrt{U_{term}^2 I_{max}^2 - P^2} \leqslant Q \leqslant \sqrt{U_{term}^2 I_{max}^2 - P^2}$$
$$(4-13)$$

同时考虑到单元箱变阻抗 x_{tr} 消耗的无功功率为

$$Q_S = Q - 3I^2 x_{tr} = -U_{term} I_q - 3I_q^2 x_{tr} - 3\left(\frac{P}{U_{term}}\right)^2 x_{tr} \qquad (4-14)$$

Q_S 是 I_q 的二次函数，曲线是一个开口朝下的抛物线，通常 $x_{tr} < 0.1$，因此，当 $I_q = -\sqrt{I_{max}^2 - \left(\dfrac{P}{U_{term}}\right)^2}$ 时，Q_S 取得最大值，即

$$Q_S = Q - 3I^2 x_{tr} = \sqrt{U_{term}^2 I_{max}^2 - P^2} - 3I_{max}^2 x_{tr} \qquad (4-15)$$

当 $I_q = \sqrt{I_{max}^2 - \left(\dfrac{P}{U_{term}}\right)^2}$ 时，Q_S 取得最小值，即

$$Q_S = -\sqrt{U_{term}^2 I_{max}^2 - P^2} - 3I_{max}^2 x_{tr} \qquad (4-16)$$

可得并网光伏发电单元的无功功率极限为

$$-\sqrt{U_{term}^2 I_{max}^2 - P^2} - 3I_{max}^2 x_{tr} \leqslant Q_S \leqslant \sqrt{U_{term}^2 I_{max}^2 - P^2} - 3I_{max}^2 x_{tr} \qquad (4-17)$$

综上，根据光伏逆变器的实际情况，光伏逆变器的无功功率输出范围基本为对称情况，因此对于限流环节，简化模型如图 4-18 所示。

图 4-18 保留了光伏逆变器可能运行的多种模式，包括有功功率优先输出、无功功率优先输出。

4.3.3.5　功率控制环节参数

结合图 4-14～图 4-18，光伏逆变器的功率控制环节模型如图 4-19 所示，变量及参数见表 4-2、表 4-3。

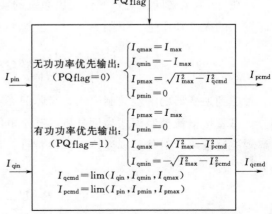

图 4-18　光伏逆变器限流模块

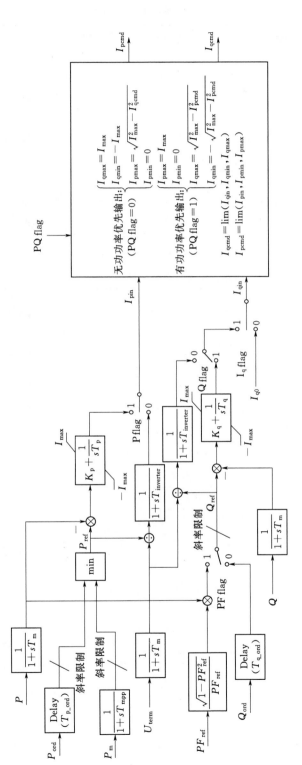

图 4 - 19 功率控制环节模型

表 4 - 2 有功功率、无功功率控制环节变量

名称	说 明	名称	说 明
P_{ord}	有功功率指令	I_{qmin}	最小无功电流
P	有功功率	I_{q0}	潮流计算结果无功电流初始值
P_{ref}	有功功率参考值	P_0	潮流计算结果有功功率初始值
Q_{ord}	无功功率指令	P_{mea}	有功功率测量值
Q	无功功率	Q_{mea}	无功功率测量值
Q_{ref}	无功功率参考值	I_{pin}	电流限幅环节的有功电流输入值
U_{term}	逆变器交流侧端电压	I_{qin}	电流限幅环节的无功电流输入值
I_{pmax}	最大有功电流	I_{pcmd}	功率控制环节输出的有功电流指令
I_{pmin}	最小有功电流	I_{qcmd}	功率控制环节输出的无功电流指令
I_{qmax}	最大无功电流		

表 4 - 3 有功功率、无功功率控制环节参数

名称	说 明	典型值
dP_{ord_max}	有功功率参考值上升斜率限值	—
dP_{ord_min}	有功功率参考值下降斜率限值	—
dP_{m_max}	辐照度变化时有功功率上升率限值	—
dQ_{ord_max}	无功功率参考值上升斜率限值	—
dQ_{ord_min}	无功功率参考值下降斜率限值	—
T_m	测量延时时间常数	$0.01\sim0.02s$
T_{mpp}	等值 MPPT 延时时间常数	$0.1s$
T_{p_ord}	有功功率指令延时	$1s$
T_{q_ord}	无功功率指令延时	$1s$
K_p	有功功率 PI 控制器比例系数	—
T_p	有功功率 PI 控制器积分时间常数	—
K_q	无功功率 PI 控制器比例系数	—
T_q	无功功率 PI 控制器积分时间常数	—
$T_{inverter}$	逆变器控制延时时间常数	—
Pflag	有功功率控制模式标志位	—
Qflag	无功功率控制模式标志位	—
PFflag	功率因数控制模式标志位	—
PQflag	电流限幅标志位	—
$I_q$flag	无功电流控制模式标志位	—
I_{max}	最大输出电流	$1\sim1.2p.u.$
K_{reset}	有功功率 PI 调节器重置系数	0.9

4.3.4 故障穿越及保护控制环节

根据标准要求，光伏逆变器除了完成功率控制功能，还需具备电网异常情况下的控制保护功能，如故障穿越、过欠压保护、过欠频保护等。

4.3.4.1 故障穿越控制

电网要求光伏电站在电网电压跌落的一段时间内不得脱网，即具备低电压穿越能力。光伏电站低电压穿越技术要求如图 4-20 所示，当并网点电压高于曲线 1 时，光伏电站不得脱网；当并网点电压低于曲线 1 时，光伏电站可保护自己脱网。虽然该技术规定针对光伏电站，然而在实际中该能力由逆变器实现。

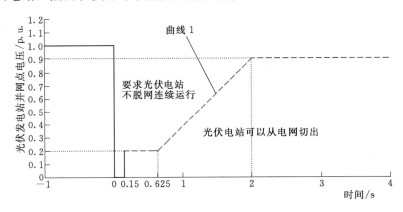

图 4-20　光伏电站低电压穿越技术要求

光伏逆变器交流侧电压在低于低电压穿越阈值时，需提供无功电流支撑且优先输出无功电流。与低电压穿越对应的是高电压穿越，在此不再赘述。

当光伏逆变器进入故障穿越瞬间，逆变器控制切换至故障穿越模式，优先输出无功电流，输出有功功率减少，直流母线电容两侧出现功率不平衡，致使直流母线电压上升，直流电压上升导致光伏阵列输出功率减少，自然完成从正常运行状态切换至故障状态。

故障穿越控制是故障期间的逆变器暂态特性的关键环节，描述了光伏逆变器在交流侧电压跌落/升高及恢复过程的暂态特性，如图 4-21 所示。根据端电压值将逆变器的运行工况分为高电压穿越工况（HVRT）、正常运行工况和低电压穿越工况（LVRT）来计算无功电流；随后根据故障穿越期间的电流限幅策略和标志位计算有功电流；故障清除后，限制有功电流的上升斜率。

图 4-21 中，光伏逆变器的故障穿越无功电流与电压跌落程度、故障前无功电流有关；而故障穿越的有功电流则和控制策略、故障期间无功电流、故障前有功电流有关。

4.3.4.2 保护控制

保护环节是对逆变器的保护控制逻辑的模拟。当逆变器出现过欠压、过欠频且持续

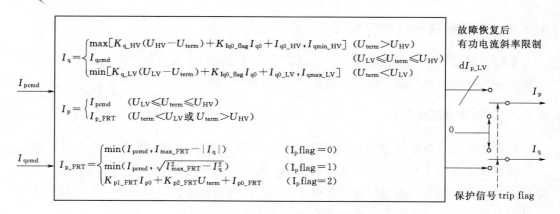

图 4 - 21　光伏逆变器故障穿越控制模块

时间超过整定值时，逆变器的保护动作，逆变器退出运行，防止损坏，保护控制模块如图 4 - 22 所示。其中，保护环节分为一级欠压保护、二级欠压保护、一级过压保护、二级过压保护、一级欠频保护、二级欠频保护、一级过频保护、二级过频保护。

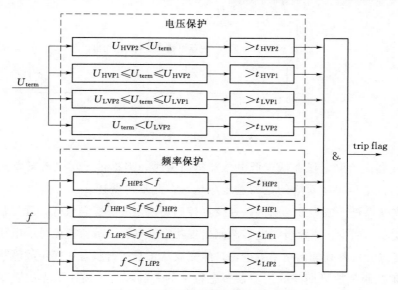

图 4 - 22　光伏逆变器保护控制模块

4.3.4.3　故障穿越及保护环节模块参数

结合图 4 - 21 和图 4 - 22，光伏逆变器的故障穿越及保护控制环节的变量及参数见表 4 - 4 和表 4 - 5。

表 4 - 4　　　　　　　　　　　故障穿越及保护控制环节的变量

名称	说　　明
I_{pcmd}	功率控制环节输出的有功电流指令
I_{qcmd}	功率控制环节输出的无功电流指令

名　称	说　明
U_{term}	逆变器交流侧端电压
f	逆变器交流侧频率
I_{p_FRT}	故障期间的有功电流
I_{p0}	潮流计算结果有功电流初始值
I_{q0}	潮流计算结果无功电流初始值
I_p	有功电流输出值
I_q	无功电流输出值

表 4－5　　　　　　　　故障穿越及保护控制环节的参数

名　　称	说　　明	典型值
K_{q_LV}	低穿期间的无功电流支撑系数	1.5
I_{q0_LV}	低穿期间的无功电流起始值	0p.u.
U_{LV}	进入低电压穿越控制的电压阈值	0.9p.u.
K_{flag_FRT}	故障前无功电流叠加标志（1有叠加，0无叠加）	0
I_{qmax_LV}	低穿期间的最大无功电流	1.1p.u.
K_{q_HV}	高穿期间的无功电流支撑系数	2
I_{q0_HV}	高穿期间的无功电流起始值	0
U_{HV}	进入高电压穿越控制的电压阈值	1.1p.u.
I_{qmin_HV}	高穿期间的最小无功电流	－0.5p.u.
I_{max_FRT}	故障穿越期间的最大输出电流	1.1p.u.
$I_p flag$	故障穿越期间的有功电流限幅标志位	—
K_{p1_FRT}	故障穿越期间的有功电流系数1	0
K_{p2_FRT}	故障穿越期间的有功电流系数2	0
I_{p0_FRT}	故障穿越期间的有功电流起始值	0.1p.u.
dI_{p_LV}	低电压故障清除后的有功电流上升斜率限值	2p.u./s
U_{HVP1}	一级过压保护整定电压	1.15p.u.
U_{HVP2}	二级过压保护整定电压	1.25p.u.
U_{LVP1}	一级欠压保护整定电压	0.8p.u.
U_{LVP2}	二级欠压保护整定电压	0.5p.u.
f_{HfP1}	一级过频保护整定频率	50.2Hz
f_{HfP2}	二级过频保护整定频率	50.5Hz
f_{LfP1}	一级欠频保护整定频率	49.5Hz
f_{LfP2}	二级欠频保护整定频率	48Hz
t_{HVP1}	一级过压保护动作时间	—
t_{HVP2}	二级过压保护动作时间	—
t_{LVP1}	一级欠压保护动作时间	—
t_{LVP2}	二级欠压保护动作时间	—
t_{HfP1}	一级过频保护动作时间	—

名　称	说　明	典型值
t_{HfP2}	二级过频保护动作时间	—
t_{LfP1}	一级欠频保护动作时间	—
t_{LfP2}	二级欠频保护动作时间	—

4.3.5　输出电流计算环节

光伏逆变器内环电流控制器一般采用前馈解耦策略，包括比例积分 PI 控制器和前馈解耦环节。为了消除有功功率、无功功率之间的耦合和电网电压扰动影响，引入电网电压扰动项进行前馈补偿，并且对有功功率、无功功率进行解耦补偿。

将 i_{dref} 和 i_d 的差值输入至 d 轴 PI 控制器，经过前馈补偿和耦合补偿后，得到 d 轴参考调制度 m_d，q 轴控制原理类似，得到 q 轴参考调制度 m_q，调制信号 m_d 和 m_q 经过脉宽调制环节调制后得到高频的 PWM 开关触发信号，触发信号经过驱动电路后将周期性地开通/关断逆变器的开关。经过 PWM 开关调制过程后得到 PWM 脉冲开关信号，如图 4-23 所示。通过电流反馈和电网电压前馈，实现了 d 轴、q 轴的解耦控制，提高电流控制器的跟踪响应特性。

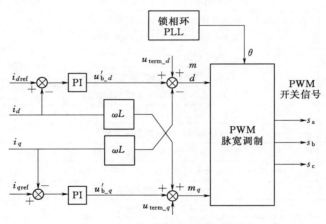

图 4-23　内环电流控制器模型

考虑到电力系统机电暂态的计算步长，光伏逆变器的内环控制及功率输出体现的主要特征是逆变器输出电流参考角度的变换，如图 4-24 所示。逆变器的输出电流 I_d 和 I_q 的参考坐标系为逆变器交流侧端电压矢量，将其变换为系统坐标系，公式为

$$\begin{bmatrix} I_x \\ I_y \end{bmatrix} = \begin{bmatrix} \sin\theta & \cos\theta \\ -\cos\theta & \sin\theta \end{bmatrix} \begin{bmatrix} I_q \\ I_d \end{bmatrix} \tag{4-18}$$

式中　I_d、I_q——逆变器电流的有功分量和无功分量；

θ——逆变器交流侧端电压相角；

I_x、I_y——在系统坐标系下逆变器输出电流的 x、y 轴分量。

锁相环（phase locked loop，PLL）是用于检测逆变器交流侧母线电压相角的，当网侧扰动引起逆变器交流母线电压相角发生变化时，尤其是逆变器交流侧电压跌落至 0 时，PLL 的性能直接影响逆变器的输出电流。图 4-25 为 PLL 通用模型结构。

大部分电力系统机电暂态仿真软件中，光伏逆变器建模可直接从系统中读取逆变器交流侧母线电压相量（幅值和相角），如我国自主开发的电力系统仿真软件 PSASP 和 BPA；某些电力系统仿真软件采用与实际逆变器接近的方式建立 PLL 模型，如 DIgSILENT Power-Factory。

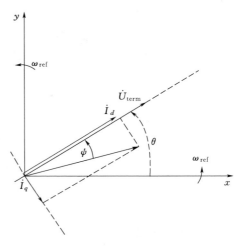

图 4-24 逆变器输出电流参考系变换

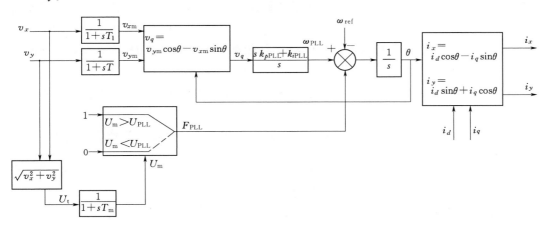

图 4-25 PLL 通用模型结构

无论采用何种方式获取逆变器交流侧母线电压相角，在通用化模型结构中，逆变器的输出电流计算模块是根据电流的有功分量、无功分量及交流侧电压相量计算逆变器交流侧三相电流相量，即

$$\dot{I}_{ac} = \left(\frac{\mid \dot{U}_{term} \mid I_p - j \mid \dot{U}_{term} \mid I_q}{\dot{U}_{term}} \right)^* \tag{4-19}$$

4.4 逆变器群等值模型

4.4.1 潮流计算等值建模方法

在电力系统潮流计算中，光伏电站等值为一台等值机、一到两级变压器和线路的等

值模型，如图 4 - 26 所示。一般情况下，光伏电站内只有一级升压变压器（光伏发电单元箱变）时，等值模型采用一级变压器；光伏电站内有单元箱式变压器和电站主变压器两级升压变压器时，等值模型采用二级变压器。

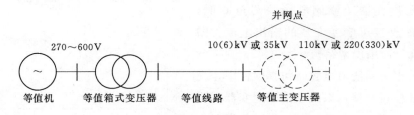

图 4 - 26　光伏电站潮流计算等值模型

4.4.1.1　等值机参数

光伏阵列和光伏逆变器组合等值为一台发电机，光伏阵列的最大输出功率为其功率上限。光伏发电的输出功率特性主要由逆变器控制策略决定，根据光伏电站无功电压控制策略的不同，建立两种潮流计算模型。

（1）恒功率因数控制模式下，光伏发电系统输出功率按给定功率因数输出，在潮流计算中视为 PQ 节点。

（2）恒电压控制模式下，光伏发电系统并网点电压按给定值输出，在潮流计算中视为 PV - PQ 节点。

光伏电站包含数量众多的光伏逆变器，可以采用倍乘的方式将各光伏逆变器等值为一个发电机，即

$$\begin{cases} P_{pv\Sigma} = \sum P_{pv(i)} \\ Q_{pv\Sigma} = \sum Q_{pv(i)} \end{cases} \quad i = 1, \cdots, n \qquad (4-20)$$

式中　$P_{pv(i)}$——光伏逆变器 i 的有功功率；

　　　$Q_{pv(i)}$——光伏逆变器 i 的无功功率；

　　　n——光伏电站内逆变器的台数；

　　　$P_{pv\Sigma}$——光伏电站等值机的有功出力；

　　　$Q_{pv\Sigma}$——光伏电站等值机的无功出力。

4.4.1.2　等值箱变参数

通常地，一个光伏电站内逆变器为同一型号时，单元箱变的型号也为同一型号。此时，等值箱变的容量为所有箱变容量之和，短路损耗和空载损耗同理；绕组电抗和空载电流保持不变，即

$$\begin{cases} S_{\Sigma} = m S_{(i)} \\ P_{Cu\Sigma} = m P_{Cu(i)} \\ U_k\%_{\Sigma} = U_{k(i)} \quad i = 1, \cdots, m \\ P_{m\Sigma} = m P_{m(i)} \\ I_0\%_{\Sigma} = I_0\%_{(i)} \end{cases} \qquad (4-21)$$

式中　$S_{(i)}$——箱变 i 的额定容量；

$\quad\quad P_{Cu(i)}$——箱变 i 的短路损耗；

$\quad\quad U_{k(i)}$——箱变 i 的绕组电抗；

$\quad\quad P_{m(i)}$——箱变 i 的空载损耗；

$\quad\quad I_0\%_{(i)}$——箱变 i 的空载电流；

$\quad\quad m$——光伏电站内箱变的台数；

$\quad\quad S_{\Sigma}$——等值箱变的额定容量；

$\quad\quad P_{Cu\Sigma}$——等值箱变的短路损耗；

$\quad\quad U_k\%_{\Sigma}$——等值箱变的绕组电抗；

$\quad\quad P_{m\Sigma}$——等值箱变的空载损耗；

$\quad\quad I_0\%_{\Sigma}$——等值箱变的空载电流。

4.4.1.3　等值线路参数

光伏电站内各段集电线路的长度不同，这里采用有功功率、无功功率损耗等值原则计算等值线路参数，即

$$
\begin{cases}
R_{\Sigma} = \sum R_{(j)}\left(\dfrac{P_{(j)}}{U_N}\right)^2\left(\dfrac{U_N}{P_n}\right)^2 \\
X_{\Sigma} = \left[\sum X_{(j)}\left(\dfrac{P_{(j)}}{U_N}\right)^2 - \sum B_{(j)}U_N^2\right]\left(\dfrac{U_N}{P_n}\right)^2
\end{cases}
\quad j=1,\cdots,k
\qquad (4-22)
$$

式中　R_{Σ}——等值线路的电阻；

$\quad\quad X_{\Sigma}$——等值线路的电抗；

$\quad\quad R_{(j)}$——馈线 j 的线路电阻；

$\quad\quad X_{(j)}$——馈线 j 的线路电抗；

$\quad\quad P_{(j)}$——经过馈线 j 的传输功率，j 表示站内馈线序号；

$\quad\quad U_N$——线路的额定电压；

$\quad\quad P_n$——光伏电站的额定功率。

主变等值参数计算方法可参考箱变等值参数计算方法。由于需要考虑不同型号逆变器、箱变和线路的参数差异，上述等值参数需结合等值模型验证进行修正。等值的目标是在不同验证工况下等值模型与详细模型的潮流仿真结果偏差在可接受范围内。

4.4.2　等值模型验证方法

光伏电站等值模型需要与详细模型进行对比，验证其有效性，一般可用图 4-27 所示的测试系统进行仿真验证。仿真验证中应根据光伏电站短路比设置不同强弱程度的测试网络，采用不同的短路故障类型和参数，仿真对比光伏电站等值模型与详细模型的暂态特性。

光伏电站短路比定义为并网点短路容量与光伏电站额定容量之比，即

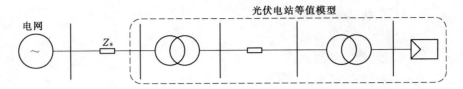

图 4-27 光伏电站等值模型测试系统

$$SCR = 并网点短路容量/光伏电站额定容量 \qquad (4-23)$$

具体的比对测试工况如下。

4.4.2.1 潮流等值模型验证

分别在强电网（$SCR \geqslant 5$）和弱电网（$SCR \leqslant 2$）的情况下，对比不同有功出力、无功出力情况下的光伏电站并网点电压、有功功率和无功功率，潮流等值模型验证工况见表 4-6。

表 4-6 潮流等值模型验证工况

潮流有功功率	潮流功率因数
大功率（$P_0 \geqslant 0.8P_n$）	1
	0.95（感性）
	−0.95（容性）
中间功率（$0.5P_n \leqslant P_0 \leqslant 0.7P_n$）	1
	0.95（感性）
	−0.95（容性）
小功率（$0.1P_n \leqslant P_0 \leqslant 0.3P_n$）	1
	0.95（感性）
	−0.95（容性）

注 P_n 为光伏电站额定功率，通常为所有逆变器额定功率之和。

4.4.2.2 暂态等值模型验证

分别在强电网（$SCR \geqslant 5$）和弱电网（$SCR \leqslant 2$）的情况下，设置送出线路发生三相短路故障，对比不同短路阻抗下，等值模型与详细模型的全过程仿真数据，暂态等值模型验证工况见表 4-7。

表 4-7 暂态等值模型验证工况

初始有功功率	网侧电压跌落深度/p.u.
大功率（$P_0 \geqslant 0.8P_n$）	0~0.2
	0.3~0.6
	0.7~0.9

初始有功功率	网侧电压跌落深度/p. u.
中间功率（$0.5P_n \leqslant P_0 \leqslant 0.7P_n$）	$0 \sim 0.2$
	$0.3 \sim 0.6$
	$0.7 \sim 0.9$
小功率（$0.1P_n \leqslant P_0 \leqslant 0.3P_n$）	$0 \sim 0.2$
	$0.3 \sim 0.6$
	$0.7 \sim 0.9$

4.4.3 光伏电站等值建模算例

4.4.3.1 算例系统介绍

由于不同逆变器型号的控制算法有差异，很难提出一种合理、准确的等值方法满足包含不同型号逆变器的光伏电站等值，这里仅研究光伏电站的集电升压系统等值方法，同时该方法需要辅助于人为干预以满足 4.4.2 节提出的所有测试工况验证。

某光伏电站，并网点额定电压 220kV，额定装机容量 30MW。光伏电站的一次系统结构如图 4-28 所示，包含 588 台某组串式光伏逆变器，通过 6 条集电线路并入 6kV 母线，并通过主变压器接入 220kV 母线。将该电站等值为单台机，如图 4-29 所示。

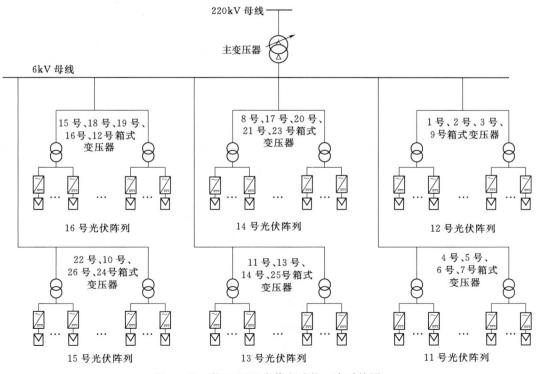

图 4-28 某 30MW 光伏电站的一次系统图

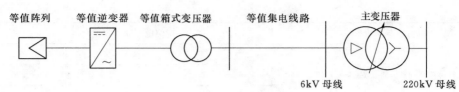

图 4 - 29　30MW 光伏电站等值模型

4.4.3.2　潮流等值参数及仿真结果

光伏电站箱式变压器、主变压器和各段集电线路参数见表 4 - 8～表 4 - 10，等值箱式变压器参数和等值集电线路参数见表 4 - 11 和表 4 - 12。

表 4 - 8　　　　　　　　　　　　　　箱 式 变 压 器 参 数

参数名称	1 号箱式变压器	2 号箱式变压器	3 号箱式变压器
额定容量/MW	1250	800	630
高压侧额定线电压/kV	6.3	6.3	6.3
低压侧额定线电压/kV	0.48	0.48	0.48
短路阻抗/%	6	6	6
短路损耗/kW	1.630	1.20	1.014
空载损耗/kW	7.445	5.341	4.576
空载电流/%	0.5	0.5	0.6

表 4 - 9　　　　　　　　　　　　　　主 变 压 器 参 数

参数名称	数值	参数名称	数值
额定容量/MW	40	短路损耗/kW	160.255
高压侧额定线电压/kV	230	空载损耗/kW	26.925
低压侧额定线电压/kV	6.3	空载电流/%	0.09
短路阻抗/%	14		

表 4 - 10　　　　　　　　　　　　　　集 电 线 路 参 数

编号	起点	终点	线路型号	长度/m
1	7 号箱式变压器	6 号箱式变压器	ZRC - YJV22 - 6/10kV - 3×120	137
2	6 号箱式变压器	5 号箱式变压器	ZRC - YJV22 - 6/10kV - 3×185	164
3	5 号箱式变压器	4 号箱式变压器	ZRC - YJV22 - 6/10kV - 3×120	270
4	5 号箱式变压器	4 号箱式变压器	ZRC - YJV22 - 6/10kV - 3×120	270
5	4 号箱式变压器	1 号集电线路柜	ZRC - YJV22 - 6/10kV - 3×120	1135
6	4 号箱式变压器	1 号集电线路柜	ZRC - YJV22 - 6/10kV - 3×120	1135
7	3 号箱式变压器	2 号箱式变压器	ZRC - YJV22 - 6/10kV - 3×120	227
8	2 号箱式变压器	1 号箱式变压器	ZRC - YJV22 - 6/10kV - 3×120	385

编号	起点	终点	线路型号	长度/m
9	1号箱式变压器	2号集电线路柜	ZRC－YJV22－6/10kV－3×185	655
10	9号箱式变压器	2号集电线路柜	ZRC－YJV22－6/10kV－3×120	1287
11	14号箱式变压器	13号箱式变压器	ZRC－YJV22－6/10kV－3×120	430
12	13号箱式变压器	11号箱式变压器	ZRC－YJV22－6/10kV－3×120	1047
13	11号箱式变压器	3号集电线路柜	ZRC－YJV22－6/10kV－3×120	766
14	11号箱式变压器	3号集电线路柜	ZRC－YJV22－6/10kV－3×120	748
15	25号箱式变压器	3号集电线路柜	ZRC－YJV22－6/10kV－3×120	300
16	23号箱式变压器	21号箱式变压器	ZRC－YJV22－6/10kV－3×120	302
17	21号箱式变压器	20号箱式变压器	ZRC－YJV22－6/10kV－3×185	84
18	20号箱式变压器	17号箱式变压器	ZRC－YJV22－6/10kV－3×185	377
19	8号箱式变压器	17号箱式变压器	ZRC－YJV22－6/10kV－3×120	171
20	17号箱式变压器	4号集电线路柜	ZRC－YJV22－6/10kV－3×120	2484
21	17号箱式变压器	4号集电线路柜	ZRC－YJV22－6/10kV－3×120	2484
22	24号箱式变压器	26号箱式变压器	ZRC－YJV22－6/10kV－3×120	177
23	26号箱式变压器	22号箱式变压器	ZRC－YJV22－6/10kV－3×120	435
24	10号箱式变压器	22号箱式变压器	ZRC－YJV22－6/10kV－3×120	75
25	22号箱式变压器	5号集电线路柜	ZRC－YJV22－6/10kV－3×120	3080
26	22号箱式变压器	5号集电线路柜	ZRC－YJV22－6/10kV－3×120	3080
27	18号箱式变压器	15号箱式变压器	ZRC－YJV22－6/10kV－3×120	530
28	19号箱式变压器	15号箱式变压器	ZRC－YJV22－6/10kV－3×185	247
29	12号箱式变压器	16号箱式变压器	ZRC－YJV22－6/10kV－3×120	251
30	16号箱式变压器	19号箱式变压器	ZRC－YJV22－6/10kV－3×120	35
31	15号箱式变压器	6号集电线路柜	ZRC－YJV22－6/10kV－3×120	2424
32	15号箱式变压器	6号集电线路柜	ZRC－YJV22－6/10kV－3×120	2424

表 4－11　　　　　　　等值箱式变压器参数

参数名称	数值	参数名称	数值
额定容量/MW	30.53	短路损耗/kW	184.389
高压侧额定线电压/kV	6.3	空载损耗/kW	40.474
低压侧额定线电压/kV	0.5	空载电流/%	0.5038
短路阻抗/%	6		

表 4－12　　　　　　　等值集电线路参数

参数名称	数值	参数名称	数值
电阻/Ω	0.02842	对地电容/μF	0
电抗/Ω	0.01285		

强电网条件下详细模型和等值模型的潮流计算结果见表4－13。

表 4 - 13　　　　　　　　　　　　　强电网条件下的潮流计算结果

功率因数	并网点电压/p. u.		并网点有功/MW		并网点无功/Mvar	
	详细模型	等值模型	详细模型	等值模型	详细模型	等值模型
1	0.987	0.987	28.4604	28.4616	−5.1598	−5.166
	0.9989	0.9989	14.412	14.4183	−1.4076	−1.4124
	1.0005	1.0005	5.7712	5.7783	−0.3815	−0.3855
−0.95（容性）	1.0196	1.0195	28.5087	28.5115	4.3289	4.3222
	1.0143	1.0143	14.4055	14.4124	3.1583	3.1547
	1.0065	1.0066	5.7677	5.7676	1.4143	1.4389
0.95（感性）	0.9465	0.9464	28.1549	28.1513	−16.1139	−16.1436
	0.9821	0.982	14.3727	14.3782	−6.2263	−6.243
	0.9942	0.9941	5.768	5.7748	−2.2174	−2.2398

弱电网条件下详细模型和等值模型的潮流计算结果见表 4 - 14。

表 4 - 14　　　　　　　　　　　　　弱电网条件下的潮流计算结果

功率因数	并网点电压/p. u.		并网点有功/MW		并网点无功/Mvar	
	详细模型	等值模型	详细模型	等值模型	详细模型	等值模型
1	1.0031	1.0029	28.4855	28.4869	−5.0069	−5.015
	0.9659	0.9658	14.4022	14.408	−1.4794	−1.4842
	0.9984	0.9984	5.7714	5.7784	−0.3815	−0.3855
−0.95（容性）	0.9974	0.9972	28.4793	28.4811	4.1479	4.1401
	1.0491	1.0491	14.4134	14.4209	3.2215	3.2176
	1.029	1.0289	5.7658	5.7734	1.4393	1.4361
0.95（感性）	0.9438	0.9411	28.1474	28.1365	−16.1581	−16.2304
	0.9869	0.9866	14.3746	14.3801	−6.2129	−6.2305
	0.9655	0.965	5.7698	5.7762	−2.2207	−2.243

由表 4 - 13 和表 4 - 14 可知，在 18 种不同验证工况下，光伏电站等值模型与详细模型的潮流计算结果具有良好的一致性，光伏电站并网点的电压、有功功率和无功功率偏差均在 1% 以内。

4.4.3.3　暂态参数等值结果

根据 4.4.2 节的暂态等值模型验证，共 18 项对比，由于篇幅所限，此处列出 4 项对比结果，如图 4 - 30～图 4 - 33 所示。

由图 4 - 30～图 4 - 33 可知，光伏电站的详细模型与等值模型的暂态特性具有良好的一致性。进一步利用本书第 7 章的模型验证方法计算光伏电站暂态等值模型与详细模型的偏差，各项偏差均小于 1%，满足电力系统仿真需求。

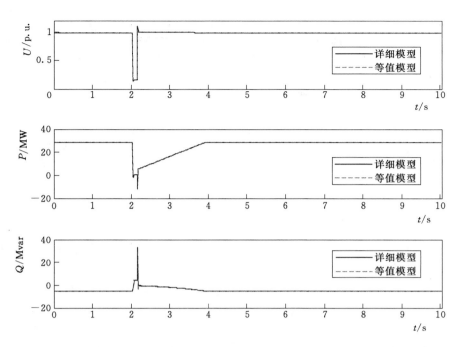

图 4-30 详细模型与等值模型仿真对比（强电网条件，有功功率
$P \geqslant 0.8P_n$，光伏电站并网点电压跌落至 0～0.2p.u.）

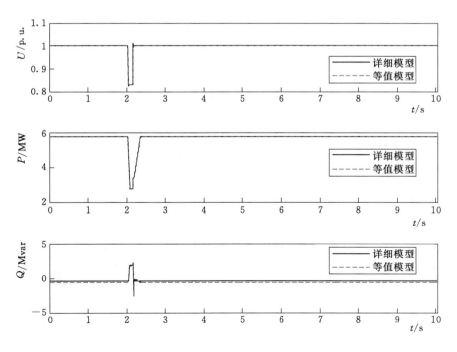

图 4-31 详细模型与等值模型仿真对比（强电网条件，有功功率
$0.1P_n \leqslant P \leqslant 0.3P_n$，光伏电站并网点电压跌落至 0.7～0.9p.u.）

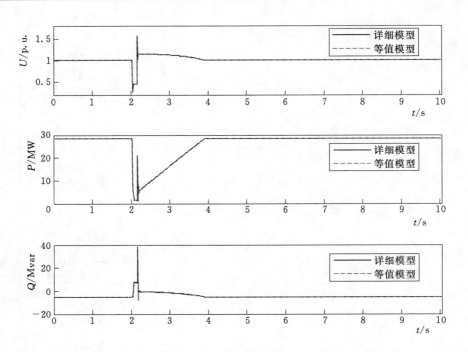

图 4-32　详细模型与等值模型仿真对比（强电网条件，有功功率
$P \geqslant 0.8P_n$，光伏电站并网点电压跌落至 0.3~0.6p.u.）

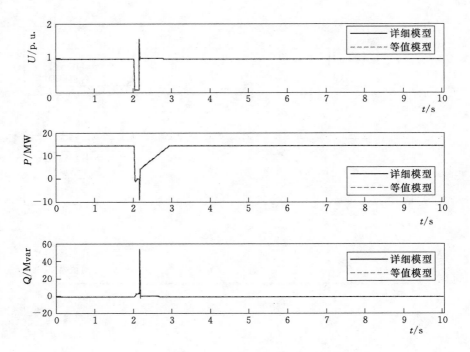

图 4-33　详细模型与等值模型仿真对比（强电网条件，有功功率
$0.5P_n \leqslant P \leqslant 0.7P_n$，光伏电站并网点电压跌落至 0~0.2p.u.）

参 考 文 献

[1] JWG C4/C6. 35 Work group. Modelling of inverter – based generation for power system dynamic studies [R]. CICED/CIGER Technical Brochures，2018.

[2] 尹忠东，朱永强. 可再生能源发电技术 [M]. 北京：中国水利水电出版社，2010.

[3] Kara Clark，N W Miller，Reigh Walling. Modeling of GE Solar Photovoltaic Plants for Grid Studies _ GE _ Solar _ Modeling (Version 1. 1) [R]. General Electric International，Inc. 2010. Kungliga Tekniska Hogslolan，School of Electrical Engineering. 2011.

[4] Clark K，Walling R A，Miller N W. Solar Photovoltaic (PV) Plant Models in PSLF [C]. IEEE PES General Meeting，2011：1 – 5.

[5] Kara Clark，N W Miller，J J Sanchez – Gasca. Modeling of GE Wind Turbine – Generators for Grid Studies Ver. 4. 5. GE Energy [R]. 2010.

[6] Mike Reichard. Fault Current Contributions from Variable Speed (Type 3 and 4) Wind Turbine Generators [R]. GE Energy. 2009.

[7] WECC Renewable Energy Modeling Task Force. WECC Guide for Representation of Photovoltaic Systems in Large – Scale Load Flow Simulations [R]. 2010.

[8] WECC Renewable Energy Modeling Task Force. Generic Solar Photovoltaic System Dynamic Simulation Model Specification [R]. 2012.

[9] WECC Renewable Energy Modeling Task Force. Wind and Solar Modeling Update [R]. 2012.

[10] Pourbeik P，Pink C，Bisbee R. Power Plant Model Validation for Achieving Reliability Standard Requirements Based on Recorded On – Line Disturbance Data [C]. Power Systems Conference and Exposition (PSCE)，2011 IEEE/PES. 2011.

[11] Abraham Ellis. Progress Report to MVWG on PV System Modeling [R]. 2010.

[12] EPRI. Generic Models and Model Validation for Wind and Solar PV Generation：Technical Update [R]. Technical Report NREL. 2011.

[13] EPRI. Technical Update – Wind and Solar PV Modeling and Model Validation [R]. Technical Report NREL. 2012.

[14] P Denholm，R Margolis，J Milford. Production Cost Modeling for High Levels of Photovoltaics Penetration [R]. Technical Report NREL/TP – 581 – 42305. 2008.

[15] E Muljadi，V Gevorgian，N Samaan，et al. Short Circuit Current Contribution for Different Wind Turbine Generator Types [R]. Conference Paper NREL/CP – 550 – 47193. 2010.

[16] Eduard Muljadi，Vahan Gevorgian，Nader Samaan，etc. NERL – Short Circuit Current Contribution for Different Wind Turbine Generator Types [C]. IEEE – Power and Energy Society – General Conference. 2010.

[17] 中国电力科学研究院. PSASP 光伏发电站模型说明手册 [R]. 北京：中国电力科学研究院，2013.

[18] Villalva M G，Gazoli J R，Filho E R. Comprehensive approach to modeling and simulation of photovoltaic arrays [J]. IEEE Trans. on Power Electronics . 2009，24 (5)：1198 – 1208.

[19] Yazdani A，Fazio A R D，Ghoddami H，et al. Modeling guidelines and a benchmark for power system simulation studies of three – phase single – stage photovoltaic systems [J]. IEEE Trans. on Power Delivery. 2011，26 (2)：1247 – 1264.

[20] Kim S K，Jeon J H，Cho C H，et al. Modeling and simulation of a grid – connected PV generation system for electromagnetic transient analysis [J]. Solar Energy. 2009 (83)：664 – 678.

［21］ Morren J，de Haan S W H，Ferreira J A. Model reduction and control of electronic interfaces of voltage dip proof DG units ［C］. IEEE PES General Meeting，2004：2168－2173.

［22］ Yazdani A. Electromagnetic transients of grid－tied photovoltaic systems based on detailed and averaged models of the voltage－sourced converter ［C］. IEEE PES General Meeting，2011：1－8.

［23］ 张兴，曹仁贤，等. 太阳能光伏并网发电及其逆变控制 ［M］. 北京：机械工业出版社，2009.

第5章 光热发电建模技术

光热电站主要包括太阳岛的聚光、集热系统，常规岛的蒸汽发生系统、汽轮发电机组以及储热系统等。从结构和工作原理上看，光热发电系统常规岛与火电机组相同，属于热力发电过程；它们之间的差别在于火电机组通过煤、燃气等燃料的燃烧，加热水工质产生过热蒸汽，而光热发电通过聚光集热系统采集太阳热能，加热传热工质，再通过蒸汽发生系统换热产生过热蒸汽。

从电力系统仿真分析的需求看，当仅研究光热电站接入电网引起的暂态稳定或小干扰稳定问题时，光热发电机组的模型与常规火电没有本质的区别，无需建立专门的模型。但研究分钟—小时级的中长期过程稳定性问题时，需要对光热电站的聚光集热、传热、储热等环节进行较为详细的建模。

本章以主流的槽式和塔式光热发电系统为对象，以聚光系统、集热系统、蒸汽发生系统、储热系统及汽轮发电系统等子系统的能量转换过程为基础，采用模块化建模方法，建立各子系统机理模型，并结合算例，仿真研究光热发电站的运行特性。

5.1 光热发电系统的模型结构

5.1.1 塔式光热发电系统

5.1.1.1 塔式光热电站结构

塔式光热电站主要包括聚光集热系统（定日镜场、吸热器、吸热塔）、储热系统（热罐、冷罐）、蒸汽发生系统（预热器、蒸汽发生器、过热器）、汽轮发电系统（汽轮机、同步发电机、凝汽器）等。部分光热电站还配置了辅助加热器，用于辅助加热过热蒸汽。图5-1为塔式光热电站结构示意图。

聚光集热系统实现太阳能到热能的转换，其中，定日镜场实现对太阳的最佳跟踪，将太阳反射光准确聚焦到吸热塔顶的吸热器中，使传热介质受热升温，将太阳的辐射能转换为传热介质的热能。储热系统和蒸汽发生系统实现热能的传递，储热系统将吸热器中的高温传热介质热能储存起来，蒸汽发生系统中完成传热介质与水工质的热量传递，高温传热介质加热给水至过热蒸汽，换热后的传热介质回到储热系统储存。过热蒸汽进入汽轮发电系统，驱动汽轮发电机组发电，实现了热能到电能的转换。目前，塔式光热发电系统中大多采用熔融盐作为传热介质和储热介质。

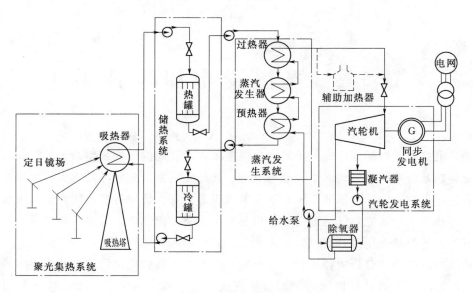

图 5-1　塔式光热电站结构示意图

5.1.1.2　塔式光热发电系统的模型结构

　　根据塔式光热电站系统主要组成部分及能量转换传递关系，可以给出塔式光热发电系统的模型结构框图，如图 5-2 所示。图中，DNI 为太阳法向辐照度，Q_{H1} 为聚光集热系统高温传热介质进入储热系统热罐的热能，Q_{L1} 为储热系统冷罐低温传热介质进入聚光集热系统的热能，Q_{H2} 为储热系统热罐高温传热介质进入蒸汽发生系统的热能，Q_{L2} 为蒸汽发生系统换热后低温传热介质进入储热系统冷罐的热能，Q_w 为外部给水进入蒸汽发生系统的热能，Q_{steam} 为蒸汽发生系统产生的过热蒸汽进入汽轮发电系统的热能，E 为汽轮发电系统发出的电能。

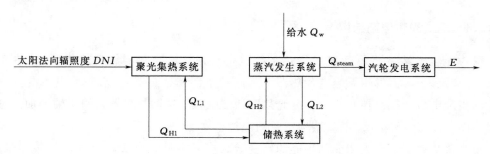

图 5-2　塔式光热发电系统模型结构框图

　　根据塔式光热发电系统模型结构框图，系统建模主要是针对聚光集热系统、储热系统、蒸汽发生系统及汽轮发电系统等子系统进行模块化建模。其中，聚光集热系统主要建立太阳位置计算模型、太阳能辐照度模型、定日镜场效率模型、定日镜跟踪控制模型、吸热器换热及控制模型等；储热系统主要针对双罐储热结构，分别建立高、低温储热系统的蓄热放热过程模型；蒸汽发生系统主要建立传热介质与水工质的换热模型；汽轮发电机组模型主要包括汽轮机模型和发电机及其控制系统模型等。

5.1.2 槽式光热发电系统

5.1.2.1 槽式光热电站结构

槽式光热电站主要包括聚光集热系统（聚光镜、真空集热管）、储热系统（换热器、热罐、冷罐）、蒸汽发生系统（预热器、蒸汽发生器、过热器、再热器）、汽轮发电系统（汽轮机、同步发电机、凝汽器）等。部分光热电站还配置了辅助加热器，用于辅助加热过热蒸汽。槽式光热发电系统与塔式光热发电系统主要有两大方面的不同：一是聚焦方式不同，槽式光热发电聚光集热系统采用线聚焦，抛物面聚光镜将太阳光聚焦于位于镜面焦线处的集热管上；二是传热介质不同，槽式光热发电系统传热介质通常采用高温导热油。槽式光热发电系统结构示意图如图 5-3 所示。

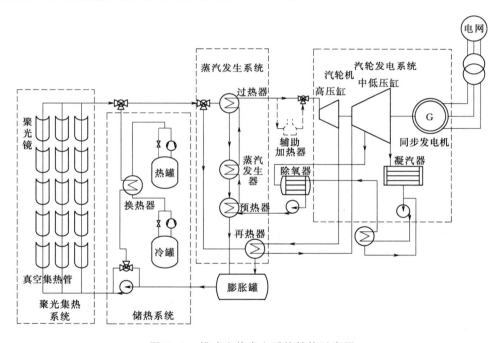

图 5-3 槽式光热发电系统结构示意图

槽式光热发电系统的能量转换中，聚光集热系统的抛物面聚光镜将太阳光聚焦于位于镜面焦线处的集热管上，加热集热管内的传热介质，实现太阳能到热能的转换；被加热的传热介质流经蒸汽发生系统的多级换热器给水加热产生过热蒸汽，实现能量传递；过热蒸汽进入汽轮发电机组，通过蒸汽动力循环发电，实现热能到电能的转换。而在储热系统中，储热换热器实现传热介质（导热油）与储热介质（熔融盐）的能量交换，储热过程中高温导热油加热低温熔融盐，热能储存到热罐中；放热过程中，热罐高温熔融盐释放加热低温导热油，热能传递到导热油进入蒸汽发生系统。

5.1.2.2　槽式光热发电系统模型结构

根据槽式光热发电系统主要组成部分及能量转换传递关系，可以给出其模型结构框图，如图 5-4 所示。图中，DNI 为太阳法向辐照度，Q_{O_H1} 为聚光集热系统高温导热油进入蒸汽发生系统的热能，Q_{O_L1} 为蒸汽发生系统换热后进入聚光集热系统的低温导热油热能，Q_{O_H2} 为聚光集热系统高温导热油进入储热系统进行蓄热换热的热能，Q_{O_L2} 为蓄热换热后低温导热油进入聚光集热系统的热能，Q_{S_H1} 为蓄热换热后高温熔融盐进入储热系统热罐的热能，Q_{S_L1} 为储热系统冷罐进行储热换热释放的低温熔融盐热能，Q_{S_H2} 为储热系统热罐进行放热换热释放的高温熔融盐热能，Q_{S_L2} 为放热换热后低温熔融盐进入储热系统冷罐的热能，Q_{O_H3} 为放热换热后高温导热油进入蒸汽发生系统的热能，Q_{O_L3} 为蒸汽发生系统换热后进入储热系统的低温导热油热能，Q_w 为外部给水进入蒸汽发生系统的热能，Q_{steam} 为蒸汽发生系统产生的过热蒸汽进入汽轮发电系统的热能，E 为汽轮发电系统发出的电能。

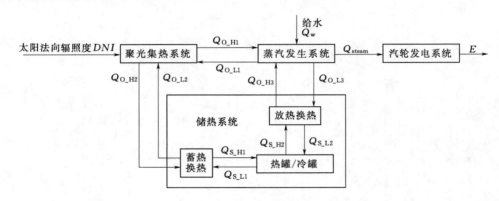

图 5-4　槽式光热发电系统模型结构框图

根据槽式光热发电系统模型结构框图，系统建模主要针对聚光集热系统、储热系统、蒸汽发生系统及汽轮发电系统等子系统建模。其中，聚光集热系统主要建立太阳位置计算模型、太阳能辐照度模型、聚光镜跟踪控制模型、真空集热管换热模型等；储热系统主要针对双罐蓄热结构，分别建立蓄热放热过程模型；蒸汽发生系统主要建立传热介质（导热油）与水工质的换热模型；汽轮发电系统模型主要包括汽轮机模型和发电机及其控制系统模型等。

5.2　聚光集热系统模型

5.2.1　塔式光热发电聚光集热系统模型

聚光集热系统为整个光热发电系统的供热侧，塔式光热发电的聚光集热系统主要由定日镜场、吸热塔和吸热器组成。目前，塔式光热发电的传热工质大多采用高温熔融盐。该子系统主要是通过定日镜场将太阳光反射到吸热塔顶的吸热器,加热吸热器中的熔融盐,实现将太阳光的辐射能转换为熔融盐介质的热能。运行过程中,定日镜场中每一个定日镜需要实时跟踪太阳的位置,确保太阳光准确反射到吸热器,同时吸热器通过工质流量控制,实现熔融盐出口参数达到设计值。因此,塔式光热发电聚光集热系统模型主要建立太阳位置计算模型、太阳辐照度模型、定日镜场效率模型、定日镜跟踪控制模型、吸热器换热及控制模型等。

5.2.1.1 太阳位置计算模型

太阳的位置可以用地平坐标系下的高度角 h_s 和方位角 β_s 表示。太阳高度角是太阳光线与地平面之间的夹角,范围为 $0°\sim90°$;太阳方位角则是日地之间的连线在地平面上的投影与正北或正南方向的夹角,在北半球范围为 $-90°\sim90°$。

根据天文学基础,某一时刻、某一地点的太阳高度角和方位角可以根据天球赤道坐标系下的太阳赤纬角 δ 和太阳时间角 ω,并结合当地的地理纬度 φ 来计算。

太阳赤纬角是地球赤道平面与日地中心连线之间的夹角。赤纬角以年为周期,在 $23°27'$ 与 $-23°27'$ 的范围内移动。每年夏至日,中午太阳位于地球北回归线正上空,此时赤纬角达到最大值;随后赤纬角逐渐减小,至秋分日,赤纬角等于零,全球昼夜时间均等;到冬至日,赤纬角减至最小值。

太阳赤纬角 δ 计算公式为

$$\delta = 23.45\sin\frac{360(284+n_{\text{day}})}{365} \tag{5-1}$$

太阳时间角 ω 计算公式为

$$\omega = 15(t-12) \tag{5-2}$$

太阳高度角和方位角计算公式为

$$h_s = \arcsin\ (\sin\varphi\sin\delta + \cos\varphi\cos\delta\cos\omega) \tag{5-3}$$

$$\beta_s = \begin{cases} \arccos\dfrac{\cos\varphi\sin\delta - \sin\varphi\cos\delta\cos\omega}{\cos h_s} - 180°, & \omega \leqslant 0° \\[3mm] 180° - \arccos\dfrac{\cos\varphi\sin\delta - \sin\varphi\cos\delta\cos\omega}{\cos h_s}, & \omega > 0° \end{cases} \tag{5-4}$$

式中 δ——太阳赤纬角;

     n_{day}——计算日期在一年中的天数,如 1 月 1 日时 $n_{\text{day}}=1$,2 月 1 日时 $n_{\text{day}}=32$;

     ω——太阳时间角;

     t——一天之内的时刻,24h 计;

     h_s——太阳高度角;

     β_s——太阳方位角;

     φ——当地的纬度。

5.2.1.2 太阳辐照度模型

与光伏发电不同,光热发电能量聚集需要太阳光直射的辐照度,而太阳的高度是太阳辐照度大小的决定因素，太阳光穿透大气到达地球表面时，与入射方向垂直的平面上的太阳辐照度，即太阳法向辐照度 DNI 可表示为

$$DNI = 1.367\left(1 + 0.033\cos\frac{360n_{\mathrm{day}}}{365}\right)\frac{\sin h_s}{\sin h_s + 0.33} \tag{5-5}$$

5.2.1.3　定日镜场效率模型

定日镜场是塔式光热发电站的核心装置，它是由大量的定日镜组成的用于收集、汇聚、反射太阳辐射能的聚光系统，其采集太阳辐射能的能力主要由定日镜的数量、单台定日镜的采光面积以及定日镜的光学效率决定。

由于定日镜工作时会受到太阳位置、镜面倾角、周围环境条件、镜面洁净度等影响，导致定日镜在反射太阳光线时会产生多种光学损失，使吸热器实际接收到的太阳辐射能小于定日镜场理论上能够接收的最大太阳辐射能。定日镜场的这一特性可以用其光学效率来表达。定日镜场的总光学效率由单台定日镜光学效率综合得来，根据光学效率的影响因素，单台定日镜的光学效率包括余弦效率 $\eta_{\cos}$、大气透射效率 η_{att}、镜面反射效率 η_{r}、其他效率 η_{l} 等，每种效率分别描述定日镜工作时的一种光学损失。

1. 余弦效率

当定日镜和阳光入射方向垂直时，所接收到的辐射能 E 达到最大值，$E = DNI \cdot S_{\mathrm{H}}$，其中 S_{H} 为定日镜表面积。然而实际中为将太阳光反射到集热器上，定日镜表面不能与入射光线保持垂直，而是成一定的角度，这种倾斜导致定日镜在与太阳入射光垂直面上的投影面积小于镜面总面积，实际接收到的能量 $E_1 = DNI \cdot S_{\mathrm{P}}$。因定日镜倾斜导致的定日镜实际接收到的辐射小于理论最大辐射的现象称为余弦损失，而将 E_1 与 E 的比值称为余弦效率，该比值正好是定日镜所在平面与太阳入射光垂直的平面所成的锐角的余弦值，也是入射光线与定日镜法线方向夹角的余弦值。余弦损失是定日镜场能量转换过程中比重较大的光学损失，直接影响系统的发电效率。

定日镜的余弦效率表示为

$$\eta_{\cos}(t) = \sqrt{\frac{-x_n\cos h_s(t)\cos\beta_s(t) + y_n\cos h_s(t)\sin\beta_s(t) + (H-h)\sin\beta_s}{2l_n} + \frac{1}{2}} \tag{5-6}$$

其中

$$l_n = \sqrt{x_n^2 + y_n^2 + (H-h)^2}$$

式中　x_n、y_n——定日镜中心点在镜场中的坐标，坐标系以集热塔塔基为坐标原点，x 轴指向正北方向，y 轴指向正西方向，集热塔中轴所在直线为 z 轴，指向天顶方向；

H——吸热塔高度；

h——定日镜中心点高度。

2. 大气透射效率

在太阳光线从定日镜反射至吸热器的过程中，由于空气分子、水蒸气、灰尘等微粒

对太阳光的散射和吸收等原因，导致太阳辐射能产生衰减，这部分能量损失称为大气衰减损失。衰减前后辐射量的比值为大气透射效率 η_{att}。衰减的程度通常与太阳的位置（随时间变化）、当地海拔以及大气条件（如灰尘、湿气、二氧化碳含量等）所导致的因素和距离有关，定日镜距吸热器距离 l_n 越远，衰减损失越大。镜场中，任一面定日镜 n 对应的大气透射效率可表示为

$$\eta_{\text{att}}=\begin{cases} C_1+C_2 l_n+C_3 l_n^2+C_4 l_n^3 &, l_n\leqslant 1\text{km} \\ \mathrm{e}^{-\sigma l_n} &, l_n>1\text{km} \end{cases} \qquad (5-7)$$

式中 C_1、C_2、C_3、C_4——系数，其值与当地海拔、气象状况、大气可见度等因素有关；

σ——大气衰减系数。

有研究文献给出 $C_1=0.99321$，$C_2=-0.0001176$，$C_3=1.97\times10^{-8}$，$C_4=0$，$\sigma=0.0001106$。

3. 镜面反射效率

由于定日镜的反射性能不可能是理想的，所以定日镜的反射辐射能小于入射辐射能，即存在镜面反射效率。同时，定日镜暴露在大气条件下工作，灰尘、湿度等环境因素会导致定日镜的反射效率降低。一般情况下，定日镜的镜面反射效率保持在0.8~0.9。

4. 其他效率

定日镜场聚光与能量转换效率还与定日镜有效利用率 η_e、聚光溢出损失 η_{int} 等因素有关。当定日镜的反射面处于相邻一个或多个定日镜的阴影下，由于前排镜子的遮挡，后排定日镜会有无法接收到太阳辐射能的情况，集热塔或其他物体也有可能对定日镜的反射面造成遮挡，这种由于阴影而造成的损失称为阴影损失。阴影损失在太阳高度较低的冬季尤为严重。另外，当定日镜虽未处于阴影区下，但因相邻定日镜背面的遮挡，其反射的太阳光无法到达吸热器，由于这种原因造成的损失称为阻挡损失。定日镜的总反射面积减去阴影和阻挡的部分，才是定日镜面的有效反射面积，因此，定日镜有效利用率 η_e 是某时刻定日镜面的有效反射面积与总反射面积的比值。

由于太阳圆盘效应、定日镜面形误差、定日镜跟踪误差、光斑像散、接收塔晃动和风振等因素，导致理论光线光路发生变化，造成部分能量未能达到吸热器表面而溢出至大气中的能量损失称为溢出损失 η_{int}。

以上因素的共同作用也影响定日镜场的能量转换效率，综合考虑这些因素，得到

$$\eta_l=\eta_e(1-\eta_{\text{int}}) \qquad (5-8)$$

5. 定日镜场能量计算

已知单台定日镜面积为 S，根据式（5-5）~式（5-8），则时刻 t 经定日镜 n 反射到吸热器的太阳辐射能为

$$Q_n(t)=DNI(t)S\eta_{\cos}(t)\eta_{\text{att}}\eta_r\eta_e(t)(1-\eta_{\text{int}}) \qquad (5-9)$$

若镜场中定日镜总数为 N，则时刻 t 整个镜场反射到吸热器表面的总能量 Q_{total} 为

$$Q_{\text{total}}(t) = \sum_{n=1}^{N} Q_n(t) \tag{5-10}$$

此时的定日镜场效率 η_{field} 为

$$\eta_{\text{field}} = \frac{Q_{\text{total}}(t)}{DNI(t)SN} \tag{5-11}$$

5.2.1.4 定日镜跟踪控制模型

由于太阳的位置时刻在变化，塔式光热电站的聚光系统定日镜场中每一面运行中的定日镜需要实时地跟踪太阳的位置，以保证将太阳光线准确地反射到吸热器的窗口接受面上。定日镜常见的跟踪控制方式主要分为开环控制和闭环控制。

开环控制是根据太阳运行的高度角和方位角、定日镜的地理位置（经纬度）和吸热器位置等参数及其几何关系，计算定日镜的控制方向和位置。开环控制的优点是跟踪快速、易于大型镜场的集中监控管理，缺点是控制器成本相对较高，跟踪过程中存在累积误差，难以校正和消除。

闭环控制是采用光电传感器检测太阳光的位置，从而控制执行机构运动，达到准确聚集太阳光的效果。闭环控制可以克服累积误差，跟踪精度大大提高，但当出现多云或阴天时，感光元件在较长时间段内接收不到太阳光，可能导致跟踪系统控制失效，甚至引起执行机构误操作。而且光电传感器难以实施定日镜的大范围跟踪，跟踪精度易受光电池的灵敏度和传感器结构等因素的影响。

定日镜开环控制采用双轴结构，同时跟踪太阳高度角和方位角。电站监控系统根据太阳运行规律和定日镜经纬度等数据，实时计算入射太阳光的方位角和高度角，经过定日镜角度跟踪计算模块，将定日镜旋转目标值发送至控制器，控制器输出控制信号驱动方位角、高度角，电机按设定的方向、位置转动。控制原理框图如图 5-5 所示。

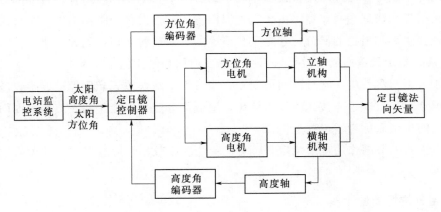

图 5-5 定日镜开环控制原理框图

实际控制中，根据定日镜角度反馈值与目标值的偏差大小，确定开环粗调控制和开环细调控制。在一个控制周期内，当角度反馈值与目标值大于某一设定值 $E_{\max}$ 时，定日镜以开环运行速度 $v_{\max}$ 进行定日镜快速定位，快速达到指定位置，即开环粗调。当偏差

小于 E_{max} 时，定日镜进行开环细调，采用增量式 PID 算法进行跟踪控制，完成开环控制。一般 $v_{max} = 27°/min$，E_{max} 选择在等待点附近，定义为 $E_{max} = \arctan \dfrac{\delta}{f}$，$\delta$ 为等待点到吸热器接受面上目标点的距离，f 为定日镜焦距。

5.2.1.5 吸热器换热及控制模型

1. 吸热器的结构及工作流程

塔式吸热器是塔式光热发电集热系统的核心部件，位于集热塔顶部，将定日镜场采集的太阳辐射能吸收，并转化为传热介质的热能。根据选用的传热介质不同，吸热器的材料、类型、结构等均有所不同。以 Solar Two 塔式光热电站吸热器为例，传热介质为高温熔融盐，熔融盐吸热器为一圆柱形管板式吸热器，如图 5-6 所示。

在吸热器圆柱面上共布置 24 块管板，每块管板有 32 根吸热管。吸热管外表面涂有坚固的涂层，可吸收 95% 的即时太阳辐射。吸热器在正常工作时，熔融盐流体从正北方向分两路进入吸热器，如图 5-7 所示。一路从西流动经 W1~W6 后，横穿至东侧的 E7 面板，再沿东南侧各面板流至正南侧，最后经 E12 流出；另一路从东流经 E1~E6 面板后横穿至西侧的 W7 面板，再沿西南侧各面板流至正南侧，经 W12 流出。在同一面板中，熔融盐由顶部联箱分别进入 32 根吸热管，同时加热后汇集到底部联箱，再进入相邻的面板顶部联箱。这种东西交叉的回路设计可实现两路流体吸热量基本平衡，同时可使熔融盐流体在吸热器中充分吸热，以确保熔融盐在流出吸热器时顺利达到所设计的温度。

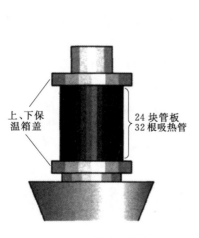

图 5-6 塔式吸热器

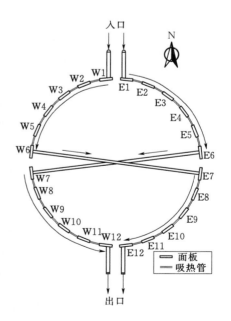

图 5-7 吸热器流体流向图

Solar Two 电站吸热器的相关参数见表 5－1。

表 5－1　　　　　　　　　**Solar Two 电站吸热器的相关参数**

参数	参数值	参数	参数值
管板长度/m	6.2	吸热管壁厚/mm	1.2
单块管板吸热管数/根	32	吸热器圆柱直径/m	5.1
吸热管管径/cm	2.1	管板数量/块	24

2. 吸热器的能量转换效率

吸热器在接收辐射能的过程中，有一小部分太阳辐射会被反射，只有一部分太阳辐射能可以转化成热能。另外，由于吸热管表面会与周围环境发生热辐射、热对流，吸热管的热能也只有一部分能够转化为传热介质的热能。因此，吸热器的热损 Q_{loss} 主要包括反射热损 Q_{ref}、辐射热损 Q_{rad} 和对流热损 Q_{conv}。到达吸热器的有效太阳辐射能为

$$Q_{Abs} = Q_{total} - Q_{ref} - Q_{rad} - Q_{conv} \tag{5-12}$$

吸热器的吸热效率 $\eta_{receiver}$ 为

$$\eta_{receiver} = \frac{Q_{Abs}}{Q_{total}} \tag{5-13}$$

3. 吸热器换热机理模型

熔融盐作为传热介质在吸热器中无相变且为无压操作，因此，吸热器 24 块管板可使用同一管板模型，每块接收板的 32 根吸热管可使用同一吸热管模型，通过建立一根吸热管的换热动态模型，再将 32 根吸热管组合成管板模型，最后连接 24 块管板，即可构成熔融盐吸热器整体换热模型。

吸热管能量平衡如图 5－8 所示，采用集总参数建模时对吸热管进行简化假设：①吸热管接收太阳能一侧接收到的能量是均匀的；②吸热管的直径不变；③熔融盐流体是不可压缩的；④熔融盐流体密度保持不变；⑤管壁绝热面无热损失，且与加热面保持一致的温度变化；⑥管壁金属只沿径向进行热传导，沿轴向无热传导；⑦以吸收管内熔融盐出口温度为集总参数。

（1）管壁能量转换模型为

$$\eta_{receiver} = \frac{Q_{Abs}}{Q_{total}} m_j C_j \frac{dT_j}{dt} = Q_{Abs} - Q_{j-s} \tag{5-14}$$

式中　m_j——管道金属的质量；

　　　　C_j——管道金属的比热容；

　　　　T_j——管道金属的平均温度；

　　　　Q_{j-s}——管道对熔融盐的换热量。

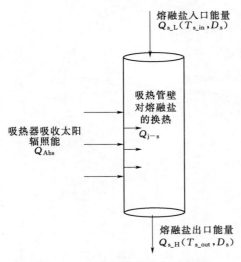

图 5－8　吸热管能量平衡示意图

（2）吸热管壁对熔融盐的换热模型为

$$Q_{j-s} = K_{Abs} D_s^n (T_j - T_{s\_out}) \tag{5-15}$$

式中　K_{Abs}——系数，由熔融盐与内壁之间的对流换热系数和换热面积决定；

　　　D_s——熔融盐的质量流量；

　　　n——由质量流量影响换热系数的指数因子；

　　T_{s_out}——单根吸热管中熔融盐的出口温度。

（3）熔融盐的能量守恒方程为

$$m_s C_s \frac{dT_{s\_out}}{dt} = Q_{m\_s} - D_s C_s (T_{s\_out} - T_{s\_in}) \tag{5-16}$$

式中　m_s——熔融盐的质量；

　　　C_s——熔融盐的比热容；

　　T_{s_in}——单根吸热管中熔融盐的入口温度。

将式（5-14）~式（5-16）进行线性化处理，可以得到吸热管接收太阳辐照度变化对出口温度变化的传递函数为

$$G_{Q\_s}(s) = \frac{\Delta T_{s\_out}}{\Delta Q_{Abs}} = \frac{Q_{s0}}{T_d m_j C_j m_s C_s s^2 + [D_{s0} C_s T_d m_j C_j + Q_{s0}(m_j C_j + m_s C_s)]s + D_{s0} C_s Q_{s0}}$$

$$= \frac{K_0}{T_1 s^2 + T_2 s + T_3} \tag{5-17}$$

其中
$$\begin{cases} K_0 = Q_{s0} \\ T_1 = T_d m_j C_j m_s C_s \\ T_2 = D_{s0} C_s T_d m_j C_j + Q_{s0}(m_j C_j + m_s C_s) \\ T_3 = D_{s0} C_s Q_{s0} \end{cases}$$

入口温度对出口温度的传递函数为

$$G_{T\_s}(s) = \frac{\Delta T_{s\_out}}{\Delta T_{s\_in}} = \frac{T_d m_j C_j D_{s0} C_s s + D_{s0} C_s Q_{s0}}{T_d m_j C_j m_s C_s s^2 + [D_{s0} C_s T_d m_j C_j + Q_{s0}(m_j C_j + m_s C_s)]s + D_{s0} C_s Q_{s0}}$$

$$= \frac{K_1 s + T_3}{T_1 s^2 + T_2 s + T_3} \tag{5-18}$$

其中
$$K_1 = T_d m_j C_j D_{s0} C_s$$

熔融盐流量对出口温度的传递函数为

$$G_{D\_s}(s) = \frac{\Delta T_{s\_out}}{\Delta D_s} = \frac{T_d m_j C_j C_s (T_{s\_in0} - T_{s\_out0})s + \left[\dfrac{n Q_{s0} T_d m_j C_j}{D_{s0}} + (T_{s\_in0} - T_{s\_out0})Q_{s0} C_s\right]}{T_d m_j C_j m_s C_s s^2 + [D_{s0} C_s T_d m_j C_j + Q_{s0}(m_j C_j + m_s C_s)]s + D_{s0} C_s Q_{s0}}$$

$$= \frac{K_2 s + T_4}{T_1 s^2 + T_2 s + T_3} \tag{5-19}$$

其中
$$\begin{cases} K_2 = T_d m_j C_j C_s (T_{s\_in0} - T_{s\_out0}) \\ T_4 = \dfrac{n Q_{s0} T_d m_j C_j}{D_{s0}} + (T_{s\_in0} - T_{s\_out0})Q_{s0} C_s \end{cases}$$

式中　Q_{s0}——稳态工况下的熔融盐热流量，$Q_{s0} = D_{s0} C_s \dfrac{T_{s\_out0} - T_{s\_in0}}{l}$；

T_{s_out0}、T_{s_in0}——稳态工况下熔融盐的出口和入口温度；

D_{s0}——稳态工况下熔融盐的质量流量；

T_d——稳态平均传热温差，$T_d = T_{j0} - T_{s\_out0}$；

T_{j0}——稳态时吸热管的金属温度。

式（5-17）～式（5-19）描述了吸热器单根吸热管中传热介质（熔融盐）出口温度随太阳辐照能、入口温度、介质流量等变化的动态模型。

根据吸热器工作流程及图 5-7 可以看出，熔融盐分两路进入吸热器，每一路经过 12 块吸热面板，每个面板并列 32 个吸热管，因此整个吸热器的换热动态模型要考虑多段单根吸热管集总参数模型的串并联关系。

根据能量传递关系，单位时间内吸热器通过传热介质传递给储热系统的热量 Q_{H1} 为

$$Q_{H1} = D_s C_s (T_{s\_out} - T_{s\_in}) \tag{5-20}$$

式中 T_{s_out}——吸热器熔融盐的出口温度；

T_{s_in}——吸热器熔融盐的入口温度。

从吸热器动态机理模型及出口温度变化传递函数可以看出，塔式光热电站吸热器模型是非线性的，太阳辐照度、介质入口温度及流量都会影响介质出口温度。

以 Solar Two 电站吸热器为例，对所建立的吸热器机理模型进行动态仿真，分析在吸热器入口熔融盐温度阶跃降低、流量阶跃增加的情况下，吸热器出口熔融盐温度的动态特性。

在吸热器稳定运行的情况下，吸热器入口熔融盐温度阶跃降低 5%，从 298℃ 降低到 283℃ 左右，吸热器出口熔融盐温度的动态响应如图 5-9 所示。

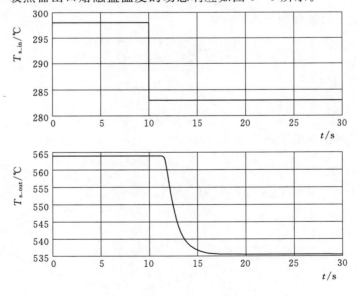

图 5-9 吸热器入口熔融盐温度阶跃降低 5% 时
吸热器出口熔融盐温度的动态响应

在吸热器稳定运行的情况下,设定吸热器入口熔融盐流量阶跃增大5%,吸热器出口熔融盐温度的动态响应如图5-10所示。

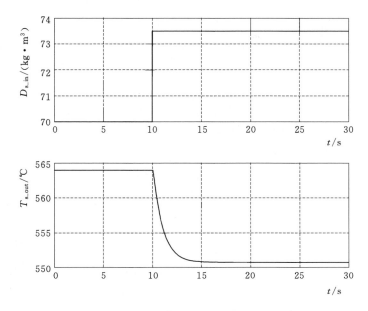

图5-10 吸热器流量阶跃5%时吸热器出口熔融盐温度的动态响应

从模型仿真分析可以看出,塔式光热发电吸热器集热、传热等能量传递过程具有二阶惯性的过程,模型可用于吸热器本体及传热介质的动态特性研究,也可以用于电站长时间尺度的运行特性模拟,如电站启动过程、日出力特性等。此外,入口流量变化相比入口温度变化对出口温度的影响反应较快,因此,通常通过熔融盐流量控制实现对吸热器出口介质温度的控制。

4. 吸热器温度控制模型

塔式光热发电系统吸热器吸收太阳辐射能,加热管内流动的传热介质熔融盐。在该过程中,太阳辐照能为该子系统主要的能量输入,熔融盐在吸热器出口处的物理参数,如温度、流量等,是该子系统的输出变量。其他能够影响输出变量的一些因素主要还包括环境温度、风速,以及传热介质在吸热器进口的温度、流量等,吸热器控制模型的输入输出框图如图5-11所示。

吸热器控制系统以传热介质出口温度为被控变量,通过控制熔融盐在吸热器中的流量来实现对吸热器出口处熔融盐温度的控制。吸热器熔融盐出口温度控制模型框图如图5-12所示。图中,$G_c(s)$为温度控制器,对于熔融盐介质,控制入口或出口流量阀门;$G_{D\_s}(s)$为被控对象,对于熔融盐介质,为熔融盐流量对出口温度的传递函数;$G_{Q\_s}(s)$、

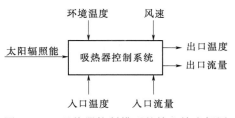

图5-11 吸热器控制模型的输入输出框图

$G_{a\_s}(s)$、$G_{w\_s}(s)$、$G_{T\_s}(s)$ 分别为太阳辐照能 Q_{Abs}、环境温度 T_a、风速 v_w、入口温度 T_{s_in} 对出口温度 T_{s_out} 的传递函数。

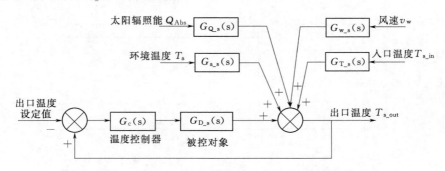

图 5-12　吸热器熔融盐出口温度控制模型框图

5.2.2　槽式光热发电聚光集热系统模型

　　槽式光热发电系统的聚光集热方式是通过抛物槽式聚光镜将入射太阳光聚焦到抛物面焦线处的真空集热管，形成高能量密度的光束，加热集热管中的传热介质。因此，槽式光热发电的聚光系统是抛物面型槽式聚光镜，集热系统是高温真空集热管。多个聚光镜和一根集热管组成一个聚光集热单元，多个聚光集热单元形式一个集热回路，多个集热回路并排或平行布置，形成槽式光热发电的聚光集热场。如 30MW 的 SEGS Ⅵ 槽式光热电站，聚光集热系统共有 50 个回路，每个回路包括 16 个集热单元。槽式光热发电聚光集热系统的模型主要包括聚光集热场效率模型、聚光镜跟踪控制模型、真空集热管换热及控制模型等，太阳位置和辐照度计算模型与塔式相同。

5.2.2.1　聚光集热场效率模型

　　聚光集热单元根据聚光器焦线的方向，分为东西向布置（焦线沿东西方向）和南北向布置（焦线沿南北方向）。与塔式光热发电中每台定日镜作独立的双轴跟踪不同，槽式光热发电中多个聚光集热单元只作同步单轴跟踪。由于单轴跟踪特性和跟踪机构精度的限制，太阳光线不可能始终与聚光器的开口采光面垂直，而与采光面的法线存在一个入射角 θ，如图 5-13 所示。

　　入射角 θ 是影响槽式聚光集热系统效率的关键参数，对于南北放置且东西单轴跟踪的集热器，入射角 θ 为

$$\theta = \arccos \sqrt{1 - \cos^2 h_s \cos^2 \beta_s} \qquad (5-21)$$

对于东西放置且南北单轴跟踪的集热器，入射角 θ 为

$$\theta = \arccos \sqrt{1 - \cos^2 h_s \sin^2 \beta_s} \qquad (5-22)$$

1. 余弦损失

由于入射角 θ 的存在，能够被聚光器利用的部分是太阳直射辐射通量在采光口上的

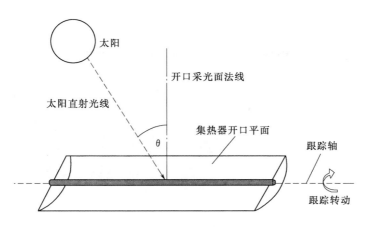

图5-13　槽式聚光器太阳直射光线入射角示意图

余弦分量，也就产生了余弦效应，其余弦损失系数为

$$\eta_{\mathrm{cos}}=\cos\theta \qquad (5-23)$$

2. 入射角修正

随着入射角的增大，还会导致太阳直射光线在穿过接收器的玻璃外管时发生额外的吸收和反射损失增加，充分考虑这部分光学损失后槽式聚光器采光口吸收的太阳有效辐射能量用入射角修正系数加以修正。国际上常用的 LS-2 型集热器，其入射角修正系数 η_{IAM} 的经验计算式为

$$\eta_{\mathrm{IAM}}=1+0.000884\,\frac{\theta}{\cos\theta}-0.00005369\,\frac{\theta^{2}}{\cos\theta} \qquad (5-24)$$

3. 末端损失

入射角的存在还会使聚光器的末端有一段吸热管无法接收到经槽型反射镜反射的直射太阳辐射，如图5-14所示。末端损失系数 η_{E} 的经验计算式为

$$\eta_{\mathrm{E}}=1-\frac{f\tan\theta}{L_{\mathrm{SCA}}} \qquad (5-25)$$

式中　f——抛物槽焦距，m；

L_{SCA}——槽式聚光器长度，m。

4. 遮挡损失

对于南北放置且东西跟踪的聚光器而言，在早晨日出时第一排集热器会严重遮挡阵列中其他各排集热器的采光口直射阳光，太阳镜场所接收的太阳直射辐射能量大为减少。随着太阳升起，太阳高度角不断变大，遮挡情况逐渐得到缓解，当太阳达到临界高度角时遮挡将完全消失。从正午到傍晚日落时的遮挡情况与日出至正午时的一致，槽式太阳能直接蒸汽聚光器阵列排间遮挡示意图如图5-15所示。

从图5-15可以看出，聚光器阵列排间遮挡情况与两排集热器之间的距离和聚光器开口宽度相关，两排集热器之间的距离过大能有效较少遮挡损失，但也大大增加了镜场

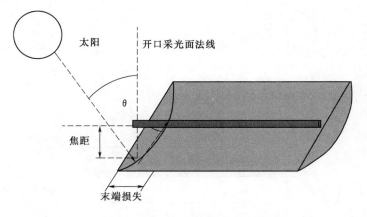

图 5－14 槽式聚光器太阳直射光线入射角示意图

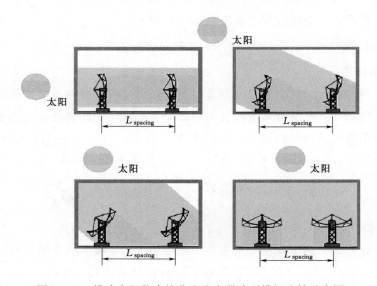

图 5－15 槽式太阳能直接蒸汽聚光器阵列排间遮挡示意图

的占地面积，加大了成本；间距过小又会引起排间较大的遮挡损失，所以设计合适的间距是镜场布置的重点。太阳能聚光器相互遮挡损失系数的计算式为

$$\eta_S = \frac{L_{\text{spacing}}}{W} \frac{\sin h_s}{\cos \theta} \qquad (5-26)$$

式中 L_{spacing}——两排集热器之间的距离，m；

        W——集热器的开口宽度，m。

5. 槽式聚光器效率

太阳能槽式聚光器效率 η_{col} 主要由太阳能聚光器几何效率 η_{geo} 和光学效率 η_{opt} 决定，表示为

$$\eta_{\text{col}} = \eta_{\text{geo}} \eta_{\text{opt}} \qquad (5-27)$$

其中，聚光器几何效率 η_{geo} 表示为

$$\eta_{\text{geo}} = \eta_{\text{IAM}}(1-\eta_{\cos})(1-\eta_S)(1-\eta_E) \tag{5-28}$$

聚光器光学效率 η_{opt} 表示为

$$\eta_{\text{opt}} = \alpha\rho\gamma\tau_1\tau_2 \tag{5-29}$$

式中　α——集热管的吸收率；

　　　ρ——聚光器镜面的反射率；

　　　γ——镜面的光学精确度；

　　　τ_1——镜面玻璃的穿透率；

　　　τ_2——吸热管玻璃外套的穿透率。

5.2.2.2　聚光镜跟踪控制模型

槽式光热发电系统中跟踪系统是保证槽式聚光集热系统安全运行和聚光器光学性能的关键设备。在正常工况下，跟踪系统需要实时跟踪太阳的运行轨迹，以保证太阳光线准确汇聚到聚光器焦线的吸热管上。

聚光器跟踪以太阳位置为依据，将聚光器能够准确对焦的实时位置角作为跟踪控制的参考值，控制传动机构驱动槽式聚光器跟踪太阳位置变化。聚光器的位置角定义如图5-16所示。当聚光器采光口平面与水平面平行时，聚光器的位置角为0°；当聚光器的采光口平面向东或者向南垂直于水平面时，聚光器的位置角为90°；当聚光器的采光口平面向西或者向北垂直于水平面时，聚光器的位置角为−90°。

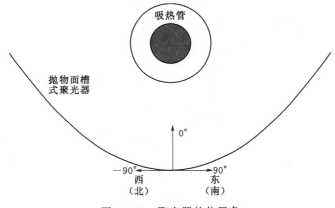

图 5-16　聚光器的位置角

通常，聚光集热系统采用南北向布置—东西向单轴跟踪和东西向布置—南北向单轴跟踪两种布置方式。根据不同的布置方式，计算不同的跟踪角。

抛物面槽式聚光器采用南北向布置—东西向单轴跟踪时，聚光器跟踪太阳的运行轨迹，此时的跟踪角 ρ_1 如图5-17所示。根据太阳方位角 β_s 和太阳高度角 h_s，得到跟踪角 ρ_1 的表达式为

$$\rho_1 = \arctan(\sin\beta_s/\tan h_s) \tag{5-30}$$

抛物面槽式聚光器采用东西向布置—南北向单轴跟踪时，聚光器跟踪太阳的运行轨迹，此时的跟踪角 ρ_2 如图5-18所示，表达式为

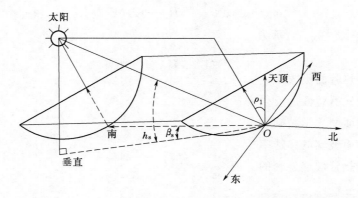

图 5 - 17 槽式聚光器采用南北向布置—东西向
单轴跟踪时的跟踪角示意图

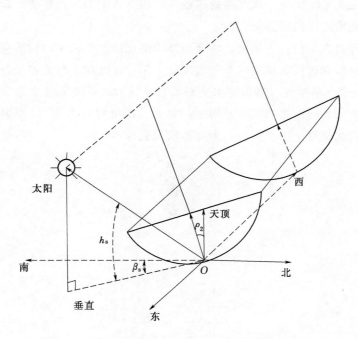

图 5 - 18 槽式聚光器采用东西向布置—南北向
单轴跟踪时的跟踪角示意图

$$\rho_2 = \arctan \frac{\cos\beta_s}{\tan h_s} \tag{5 - 31}$$

5.2.2.3 真空集热管换热及控制模型

高温真空集热管是槽式光热发电系统的关键性部件之一，用于吸收聚光器反射的能量，加热传热工质。槽式光热发电的传热工质大多采用有机导热油，而导热油在温度过高的情况下容易分解，因此槽式光热电站集热管出口导热油温度一般控制在 400℃

左右。

1. 真空集热管换热机理模型

导热油槽式高温真空集热管与熔融盐塔式吸热器吸热管的物理原理本质上是一致的，均属于单相受热管，因此其动态机理建模方法相同，均是建立在单相管管壁能量转换模型、单相管与传热介质换热模型以及传热介质能量守恒方程的基础上。对于外包裹玻璃管的真空集热管，则额外增加了一层玻璃管的换热过程。

与塔式吸热器吸热管建模相同，槽式集热系统建模也以单个集热单元集热管为基础，为简化计算，在不降低计算精度的前提下，建模过程可以忽略对象模型中金属管的影响，以集热管出口油温为集总参数，以聚光集热场效率模型得到集热管接收到的太阳辐照能，并考虑集热管对外部环境的散热损失，得到单个集热单元集热管能量守恒集总参数模型。简化高温真空集热管能量平衡示意图如图 5-19 所示。

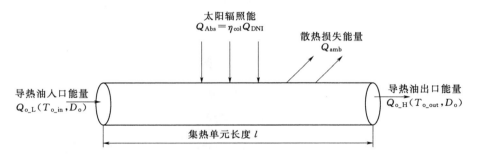

图 5-19　简化高温真空集热管能量平衡示意图

简化能量平衡模型为

$$m_o C_o \frac{dT_{o\_out}}{dt} = \eta_{col} Gl \times DNI - D_o C_o (T_{o\_out} - T_{o\_in}) - H_t A_{Abs} (T_{o\_out} - T_{amb}) \qquad (5-32)$$

式中　m_o——管内导热油质量；

$\quad\ C_o$——管内导热油比热；

$\quad\ D_o$——管内导热油流量；

$\quad T_{amb}$——环境温度；

$\ T_{o\_out}$——管内导热油出口温度；

$\ \ T_{o\_in}$——管内导热油入口温度；

$\quad\ G$——集热单元聚光镜开口宽度；

$\quad\ \ l$——集热单元聚光镜长度；

$\ DNI$——太阳直射辐照强度；

$\quad\ H_t$——集热管对外部环境的折算能量损失换热系数；

$\quad A_{Abs}$——集热管外表面积。

与塔式光热电站吸热器模型相同，槽式高温集热管模型也是非线性模型，太阳辐照度、介质入口温度及流量也是影响介质出口温度的主要因素。

以 SEGS Ⅵ 槽式光热电站集热系统为例，集热系统相关参数见表 5-2。

表 5-2　　　　　　　**SEGS Ⅵ 槽式光热电站集热系统相关参数**

参　数	参数值	参　数	参数值
回路长度/m	794.24	导热油密度/(kg·m⁻³)	763
聚光镜开口宽度/m	4.823	导热油比热/[J·(kg·℃)⁻¹]	2451
集热管管径/m	0.066	集热管对外部环境折算能量损失换热系数	0.00249
集热管内截面积/m²	0.003421		

分别分析在太阳辐照度阶跃降低 5%、集热管入口导热油温度阶跃降低 5%、导热油流量阶跃增加 5% 的情况下，集热管导热油介质出口温度的动态特性（阶跃时刻发生在 100s 时），如图 5-20 所示。

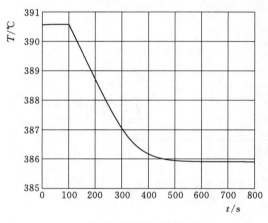

（a）太阳辐照度阶跃降低 5%

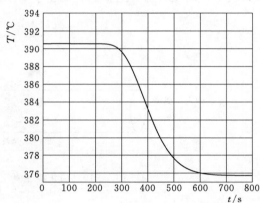

（b）入口温度阶跃降低 5%

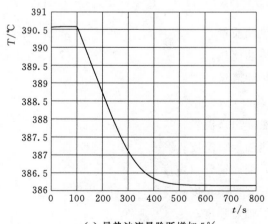

（c）导热油流量阶跃增加 5%

图 5-20　槽式光热电站集热系统导热油出口温度响应特性

从模型结构及仿真分析可以看出，槽式光热发电高温集热管集热、传热等能量传递过程也具有较大惯性和延迟，是大滞后过程，尤其是在导热油入口温度变化对出口温度变化的影响,具有纯延迟和大惯性特性。因此,该模型主要用于集热管及传热介质的动态特性研究,同样可以用于电站启动过程、日出力特性等长时间尺度的运行特性模拟。

2. 真空集热管温度控制模型

槽式光热发电系统聚光集热器运行时,太阳辐射能经聚光器的反射,穿过集热管的玻璃封管,投射到集热管的金属管外壁面上,加热管内流动的导热介质。在该过程中,太阳辐照能为该子系统主要的能量输入,导热介质在集热管出口处的物理参数,如温度、流量等,是该子系统的输出变量。其他能够影响输出变量的一些因素主要还包括环境温度、风速,以及导热介质在集热管进口的温度、流量等,聚光集热系统模型的输入输出框图如图5-21所示。

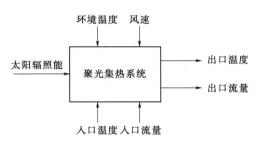

图 5-21 聚光集热系统模型的输入输出框图

聚光集热系统吸收太阳辐照能加热管内导热介质,并要控制介质出口温度在设定值。对于采用导热油作为导热介质的槽式光热发电系统,是通过控制导热油在集热管入口处的流量来实现对集热管出口处温度的控制。对于采用水工质作为导热介质直接产生蒸汽的电站,则是在集热管出口处增加喷水减温装置,控制出口处的介质温度。聚光集热系统介质出口温度控制模型框图如图 5-22所示。其中,$G_c(s)$ 为温度控制器,对于导热油介质,用于控制入口流量阀门;对于水工质,用于控制减温水阀门;$G_o(s)$ 为被控对象,对于导热油介质,为入口流量阀门开度对出口温度的传递函数,对于水工质,为减温水阀门对出口温度的传递函数;$G_s(s)$、$G_a(s)$、$G_w(s)$、$G_i(s)$ 分别为太阳辐照能 S_d、环境温度 T_a、风速 v_w、入口温度 T_i 对出口温度 T_o 的传递函数。

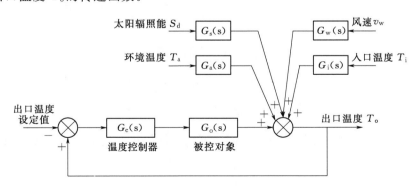

图 5-22 聚光集热系统介质出口温度控制模型框图

以 SEGS VI 槽式光热电站集热系统为例,集热管入口导热油温度从 297.8℃阶跃降低为 282.9℃,通过控制导热油流量,使得集热管出口导热油温度保持在设定值 390.56℃,导热油出口温度响应曲线如图 5-23 所示。

从图 5-23 中可以看出,在集热管入口导热油温度降低时,经过延迟,影响出口温

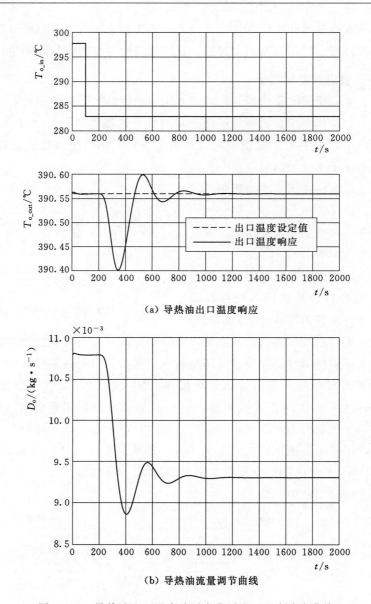

（a）导热油出口温度响应

（b）导热油流量调节曲线

图 5-23　导热油入口温度阶跃变化时出口温度响应曲线

度，为控制导热油出口温度保持在设定值，可以降低导热油流量，调节出口温度，直至恢复到设定值。

5.3　储热系统模型

5.3.1　储热系统的类型及结构

储热系统是光热发电系统中重要的组成部分，在早晚或云遮期间，光热发电系统都

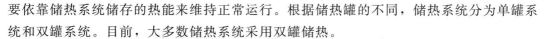

要依靠储热系统储存的热能来维持正常运行。根据储热罐的不同，储热系统分为单罐系统和双罐系统。目前，大多数储热系统采用双罐储热。

双罐储热系统是指光热发电系统的储热系统包括一个高温储热罐和一个低温储热罐。系统处于吸热阶段时，低温储热罐中的储热介质经冷介质泵运送到吸热器内，吸热升温达到设定温度后进入高温储热罐存储。系统处于放热阶段时，高温储热罐中的高温储热介质经热介质泵从热罐送入蒸汽发生器，加热给水产生蒸汽，推动汽轮机转动运行，同时换热后降低温度的介质返回低温储热罐中，从而实现吸热、放热的过程。

按照储热方式不同，双罐储热系统又可分为直接储热系统和间接储热系统。间接储热系统的传热介质和储热介质采用不同的物质，需要换热装置来传递热量。通常采用不易冻结的合成油作为传热介质，熔融盐作为显热储热介质，传热介质和储热介质之间有油—盐换热器，系统工作温度不超过 400℃，多用于槽式光热发电系统中。直接储热系统的传热流体既作为传热介质又作为储热介质，不需要换热装置，适用于 400~500℃高温工况，从而使朗肯循环的发电效率达到 40%。目前，塔式光热电站大多采用熔融盐双罐直接储热系统，即熔融盐既作为传热介质用于加热水工质产生蒸汽，又作为储热介质存储于高、低温储热罐中。

5.3.2 槽式光热发电双罐间接储热系统模型

5.3.2.1 蓄、放热过程

蓄热过程中，导热油从太阳能集热场中吸收热量后流入油盐换热器，熔融盐通过熔盐泵的作用从冷盐罐中流入油盐换热器，在换热器中导热油将热量释放给熔融盐，熔融盐吸收热量后流入热盐罐中将热量储存起来；放热过程熔融盐通过熔盐泵的作用从热盐罐流入油盐换热器，将储存的热量释放给导热油，然后再流回冷盐罐，导热油吸收热量后进入蒸汽发生系统加热给水产生过热蒸汽进入汽轮机做功。双罐间接储热系统建模主要是建立油盐换热器的能量平衡模型。

5.3.2.2 油盐换热器模型

储热系统中采用的油盐换热器为管壳式换热器，管侧流体为导热油，壳侧流体为熔融盐。由于熔融盐具有一定的腐蚀性，因此与熔融盐接触的部分，如换热管、壳程筒体等，采用 S30403 的不锈钢材料。构建油盐换热器模型时采用了以下假设：①换热过程是单相换热，不考虑工质压力的变化；②忽略工质和换热管壁的轴向和周向导热，工质与换热管壁只在径向进行换热；换热管壁径向导热系数无限大，即管壁的外侧和内侧没有温差；③忽略油盐换热器的对外散热；④以换热工质出口温度集总参数温度。

换热器蓄放热过程能量平衡示意图如图 5-24 所示。

从蓄放热能量平衡可以看出，两个过程均属于单相受热管换热过程，包括管内介质换热、金属管壁换热、管外介质换热，因此可以用统一的能量平衡方程描述蓄放热

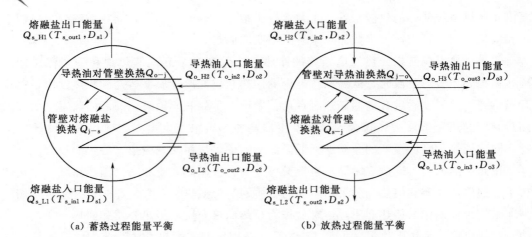

（a）蓄热过程能量平衡　　　　　　　　（b）放热过程能量平衡

图 5-24　换热器蓄放热过程能量平衡图

过程。

1. 油侧能量守恒方程

$$m_o C_o \frac{\mathrm{d}T_{o\_out}}{\mathrm{d}t} = D_o C_o (T_{o\_in} - T_{o\_out}) \mp Q_{o/j} \tag{5-33}$$

式中　$Q_{o/j}$——导热油与换热管的换热量，其中，蓄热过程取"一"，放热过程取"十"。

2. 导热油与换热管的换热量

$$Q_{o/j} = \alpha A_{in} \mid T_{oil} - T_j \mid \tag{5-34}$$

式中　α——导热油与金属管的对流换热系数；

A_{in}——金属管内的换热面积。

式（5-34）中，蓄热过程绝对值取（$T_{oil} - T_j$），放热过程绝对值取（$T_j - T_{oil}$）。

3. 熔融盐侧能量守恒方程

$$m_s C_s \frac{\mathrm{d}T_{s\_out}}{\mathrm{d}t} = D_s C_s (T_{s\_in} - T_{s\_out}) \pm Q_{j/s} \tag{5-35}$$

式中　$Q_{j/s}$——熔融盐与换热管的换热量，其中，蓄热过程取"十"，放热过程取"一"。

4. 熔融盐与换热管的换热量

$$Q_{j/s} = \alpha' A_{out} \mid T_j - T_{salt} \mid \tag{5-36}$$

式中　α'——熔融盐与金属管的对流换热系数；

A_{out}——金属管外的换热面积。

式（5-36）中，蓄热过程绝对值取（$T_j - T_{salt}$），放热过程绝对值取（$T_{salt} - T_j$）。

5. 换热管壁能量守恒方程

$$m_j C_j \frac{\mathrm{d}T_j}{\mathrm{d}t} = Q_{o/j} - Q_{j/s} \tag{5-37}$$

5.3.3 塔式光热发电双罐储热系统模型

对于采用双罐直接储热方式的塔式光热电站，储热系统中的储热介质不与其他工质进行能量交换，仅在储热过程中存在散热损失。以熔融盐为传热工质和储热介质的塔式光热发电，储热系统的储放热控制过程相对简单，主要是控制熔盐泵转速，调节熔融盐进出熔盐罐的流量，实现熔融盐温度的稳定控制。

5.3.3.1 蓄热过程

蓄热过程中，熔盐泵将低温熔融盐从冷罐中抽出，进入吸热塔中的吸热器，经太阳辐射加热和吸热器温度控制，使吸热器出口温度达到高温熔融盐设计温度。然后，热盐泵控制高温熔融盐进入热罐存储。单从储热系统的角度看，蓄热过程即为入口熔盐泵控制高温熔融盐的流量，保证高温熔融盐的温度不变。同时，若电站对蓄热容量有计划设定值，在液位达到一定高度时，切换至液位高度控制，确保熔盐液位维持在设定值。蓄热过程控制系统框图如图 5 - 25 所示。其中：$G_{cc}(s)_1$ 为熔融盐流量控制器 1，根据熔融盐入口温度偏差控制熔融盐泵转速，实现对熔融盐流量的控制，进而控制熔融盐的入口温度；$G_{o1}(s)$ 为被控对象，为熔融盐泵转速对熔融盐入口温度的传递函数；$G_{cc}(s)_2$ 为熔融盐流量控制器 2，根据罐内熔融盐液位偏差控制熔融盐泵转速，实现对熔融盐流量的控制，进而控制熔融盐罐内的液位高度；$G_{o2}(s)$ 为被控对象，为熔融盐泵转速对熔融盐液位高度的传递函数。

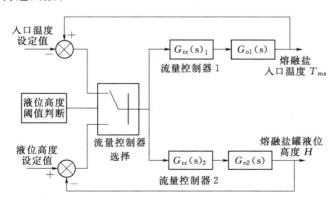

图 5 - 25 蓄热过程控制系统框图

液位阈值高度判断主要是监测罐内液位高度是否达到控制设定值，高度在设定值以下，流量控制器选择温度控制，主要是控制进入熔融盐罐的入口温度；当高度达到设定值，流量控制器选择开关切换至液位控制，控制罐内熔融盐液位不超过设定值。

5.3.3.2 放热过程

放热过程中，出口熔盐泵将高温熔融盐从热罐中抽出，进入蒸汽发生器，加热水工质产生过热蒸汽，换热后的低温熔融盐进入低温熔融盐罐。储热系统放热需要将进入蒸汽发生器的给水加热至过热蒸汽温度，而高温熔融盐首先进入的是蒸汽发生器的过热段，即需要将该段的饱和水蒸气加热至过热蒸汽。

储热系统的放热过程跟随汽轮机的进汽量来控制，类似于常规火电机组的燃水比控制策略。放热过程熔融盐流量配合给水流量进行控制，以响应发电机组的负荷变化。当机组负荷变化，负荷指令值传递给给水控制系统，转换为给水指令值，控制进入蒸汽发生系统的给水流量，同时给水指令值经过函数变换，转换为熔融盐放热流量设定值传递给熔融盐流量控制器。同时，若电站需要留有备用，还应该监控高温熔融盐罐的液位高度，在液位下降到一定高度时，切换至液位高度控制，确保熔融盐液位维持在备用设定值附近。放热过程控制系统框图如图 5-26 所示。图中，$G_{cc}(s)_1$ 为熔融盐流量控制器 1，根据过热蒸汽温度控制熔融盐泵转速，实现对熔融盐流量的控制；$G_{o1}(s)$ 为被控对象，为熔融盐泵转速对熔融盐流量的传递函数；$G_{cc}(s)_2$ 为熔融盐流量控制器 2，根据罐内熔融盐液位偏差控制熔融盐泵转速，实现对熔融盐流量的控制，进而控制熔融盐罐内的液位高度；当液位低于设定值时，流量控制器控制熔融盐泵降低转速，减小熔融盐流出量；$G_{o2}(s)$ 为被控对象，

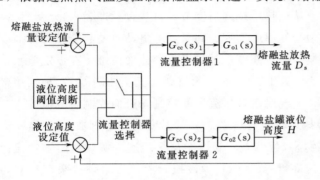

图 5-26 放热过程控制系统框图

为熔融盐泵转速对熔融盐液位高度的传递函数。

5.4 蒸汽发生系统模型

5.4.1 蒸汽发生系统的结构

蒸汽发生系统是光热发电中集热系统与发电系统的枢纽，它的作用是将传热介质在集热场吸收的热量传递给二回路的给水，进而产生蒸汽推动汽轮机做功。无论是塔式光热发电还是槽式光热发电，其蒸汽发生系统的功能和结构基本一致，包括预热器、蒸发器和过热器，图 5-27 为流过蒸汽发生系统的工质流程。

其中，预热器实现传热介质与给水之间的换热，过热器实现传热介质与水蒸气之间的换热，蒸发器实现传热介质与汽水混合物之间的换热。塔式

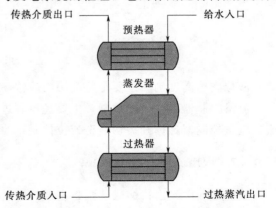

图 5-27 蒸汽发生系统的工质流程

光热发电的传热介质为熔融盐，槽式光热发电的传热介质是导热油。蒸汽发生器有相变发生的部分，工质的流动和换热更为复杂。

5.4.2　蒸汽发生系统简化建模

5.4.2.1　简化模型的结构

将蒸汽发生系统多相管段划分为几段单相管段或按照物理位置划分为几段分别来建模，能够详尽地描述汽—水转换过程动态特性以及连接汽轮发电机组的动态特性，但所分区段较多会导致模型表达式复杂，不适用于设计控制策略，也不适用于接入电力系统的光热电站的机电暂态特性研究。为简化建模过程，尽可能减少蒸汽发生系统换热面的区段划分，考虑将蒸汽发生系统中的预热器、蒸发器、过热器看作一根受热管，建模时只考虑进、出口工质的状态变化，主要以温度、流量为参考变量。蒸汽发生系统简化模型结构图如图5-28所示。

图5-28　蒸汽发生系统简化模型结构图

模型简化假设：①忽略传热介质、管壁和水、蒸汽之间的轴向传热；②受热面管的直径不变；③任一管段横截面上流体特性均匀；④将受热区段看成一根与其具有相同容积的受热管。

5.4.2.2　模型描述

1. 蒸汽发生系统管内能量平衡

蒸汽发生系统管内能量平衡关系为

$$V_{SG}\frac{\mathrm{d}(\rho_a h_a)}{\mathrm{d}t}=D_w h_w-D_{st}h_{st}+Q_{1w}$$

$$=C_{pw}D_w T_w-C_{pst}D_{st}T_{st}+Q_{1w} \tag{5-38}$$

式中　V_{SG}——蒸汽发生器受热面内部总容积；

ρ_a——汽水流程中工质的平均密度；

h_a——汽水流程中工质的平均比焓；

D_w——蒸汽发生系统中预热器入口给水质量流量；

h_w——蒸汽发生系统中预热器入口给水比焓；

D_{st}——蒸汽发生系统中过热器出口过热蒸汽质量流量；

h_{st}——蒸汽发生系统中过热器出口过热蒸汽比焓；

C_{pw}——蒸汽发生系统中预热器入口给水比热容；

C_{pst}——蒸汽发生系统中过热器出口过热蒸汽比热容；

T_w——蒸汽发生系统中预热器入口给水温度；

T_{st}——蒸汽发生系统中过热器出口过热蒸汽温度；

Q_{1w}——管道对水/蒸汽的换热量。

2. 管内换热能量平衡

管内换热能量平衡关系为

$$Q_{1w} = h_{SGi} A_{SGi} (t_{met} - t_{w-st}) \tag{5-39}$$

式中　h_{SGi}——管内换热膜系数；

A_{SGi}——管内换热表面积；

t_{w-st}——水/蒸汽平均温度；

t_{met}——管壁温度。

3. 管外传热介质能量平衡

管外传热介质能量平衡关系为

$$C_{pm} D_m \frac{\mathrm{d}T_{L2}}{\mathrm{d}t} = C_{pm} D_m T_{H2} - C_{pm} D_m T_{L2} - Q_{2w} \tag{5-40}$$

式中　C_{pm}——蒸汽发生系统中传热介质比热容；

D_m——蒸汽发生系统中传热介质质量流量；

T_{H2}——蒸汽发生系统中高温传热介质入口温度；

T_{L2}——蒸汽发生系统中低温传热介质出口温度；

Q_{2w}——传热介质对管道的换热量。

4. 管外换热能量平衡

管外换热能量平衡关系为

$$Q_{2w} = h_{SGo} A_{SGo} (t_{am} - t_{met}) \tag{5-41}$$

式中　h_{SGo}——管外换热膜系数；

A_{SGo}——管外换热表面积；

t_{am}——传热介质平均温度；

t_{met}——管壁温度。

蒸汽发生系统产生的过热蒸汽达到设定的温度和压力后，进入汽轮机做功。一般过热蒸汽通过减温水控制来调节蒸汽温度，可以认为蒸汽发生系统过热蒸汽出口流量与进入汽轮机的主蒸汽流量一致，且蒸汽压力也一致。

5.5 汽轮发电系统模型

5.5.1 汽轮机模型

光热电站的发电系统与常规火电机组基本相同，因此汽轮发电机组的数学模型可以参考已经成熟的常规同步发电机组模型进行建模。

在电力系统分析中均采用简化的汽轮机动态模型，其动态特性只考虑由汽门和喷嘴之间的蒸汽惯性引起的蒸汽容积效应，该效应可以通过主蒸汽流量与输出机械功率之间的传递函数关系反映，而主蒸汽流量可以通过汽轮机汽门开度来控制。常用的交叉组合再热器汽轮机模型框图如图 5-29 所示。

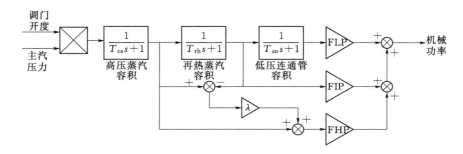

图 5-29 汽轮机模型框图

根据常规火电机组汽轮机模型，进入汽轮机的主蒸汽流量和压力、密度有以下关系

$$D_{st} = \lambda u_T P_{st}^{1-\alpha} \rho_{st}^{\alpha} \qquad (5-42)$$

式中 ρ_{st}——汽轮机入口蒸汽密度；

       u_T——汽轮机调门开度；

       P_{st}——汽轮机机前主蒸汽压力；

       α——蒸汽过热度指数根据蒸汽状态确定，$0 \leqslant \alpha \leqslant 0.5$，蒸汽过热度越小，$\alpha$ 越小，当蒸汽为饱和蒸汽时，$\alpha = 0$。

主蒸汽压力、焓值和密度之间存在函数关系，且主蒸汽的温度波动范围不大，可以近似看作是稳定的，则主蒸汽流量与调门开度、主蒸汽压力的关系可以表示为

$$D_{st} = u_T f(P_{st}) \qquad (5-43)$$

函数 $f(P_{st})$ 通常选取线性函数，即 $f(P_{st}) = a P_{st} + b$。

实际光热电站运行中，通常采用滑压运行模式，主蒸汽调门全开，主蒸汽压力随负荷变化，因此，有文献给出了主汽压力与主蒸汽流量的简化对应关系，即

$$P_{st} = 2.57 D_{st} \qquad (5-44)$$

5.5.2 发电机模型

光热电站发电机为同步发电机，通常由同步发电机、励磁系统、原动机及其调速系

统组成，其控制模型结构如图
5-30所示。其中：ω 为发电机转
速；ω_{ref} 为给定转速；ε 为转速偏
差；μ 为汽轮机汽门或水轮机导水
叶开度；P_m 为原动机输出机械功
率；P_e、Q_e 分别为发电机输出有
功功率和无功功率；E_f 为励磁电
压；U_t、U_{ref} 分别为发电机机端电
压和机端电压参考值。关于同步发
电机及其控制系统的模型已经非常
成熟。

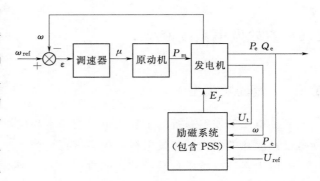

图 5-30　同步发电机控制模型结构图

5.6　光热电站运行特性仿真

5.6.1　光热电站整体仿真模型

　　光热发电实现了光、热、电的能量转换，光热发电系统包含多个热力转换子系统，与常
规火电机组类似，是具有大惯性、大延迟的热力发电系统。通过机理建模，分别建立了光热
发电系统各子系统的机理模型，并对复杂的热力学过程进行了合理的简化。根据各子系统的
输入、输出关系，可以建立光热电站简化的整体仿真模型，其模型结构图如图 5-31 所示。

　　根据光热电站整体简化模型结构图，以某槽式导热油光热电站为例进行仿真模拟，
光热电站的主要参数如下：

　　（1）电站装机容量：30MW。

　　（2）储热系统容量：熔融盐体积容量 5110m³，可支撑电站额定功率运行 4h。

　　（3）聚光镜场：50 回路，单个回路长 794.24m。

　　（4）集热管导热油：入口额定温度 297℃，出口额定温度 390℃，最小体积流速
0.001m³/s。

　　（5）蒸汽发生系统：给水温度 234.83℃，过热蒸汽温度（380.56±10）℃，过热蒸
汽额定压力 10MPa。

　　（6）汽轮机采用滑压运行。

　　（7）环境温度：25℃。

5.6.2　晴天情况下光热电站的运行特性

5.6.2.1　储热系统不工作

　　在储热系统不工作的情况下，聚光集热系统加热导热油完全用于发电，图 5-32 为
某地 2014 年 9 月 3 日晴天情况下，储热系统不工作时光热电站各参数的变化曲线。

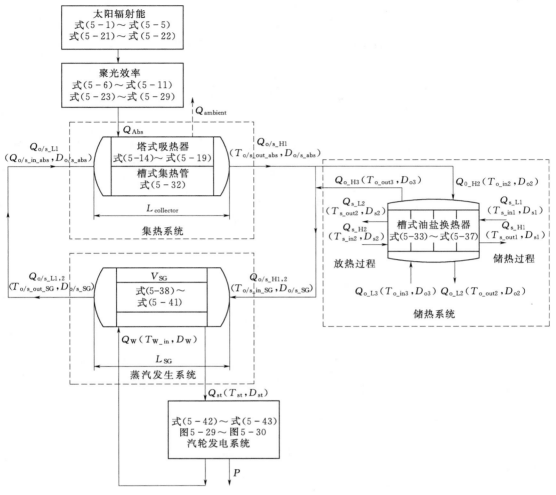

图 5-31 光热电站整体简化模型结构图

从图 5-32 中可以看出，在集热管导热油温度达到 320℃ 以上时，导热油开始进入蒸汽发生系统加热给水。当主蒸汽压力达到 3MPa 以上时，进入汽轮机做功，光热电站开始发电。在 18：53 以后，由于太阳辐照度开始降低至 500W/m² 以下，导热油温度和流速均开始迅速下降，电站发电功率开始下降直至停机。汽轮机采用滑压运行，通过给水流量控制主汽压力变化，以控制发电机组有功功率，同时保持主汽温度稳定。由于无蓄放热过程，光热电站发电时间范围受辐照度影响，进入傍晚辐照度降低后，电站停止发电。

5.6.2.2 储热系统工作

在辐照度充足的情况下，聚光集热系统加热导热油后可以一边蓄热一边发电。而当傍晚辐照度降低时，通过储热系统放热，可以维持电站运行，有利于满足晚高峰时段的负荷需求。图 5-33（a）为调度机构下发给光热电站的有功功率指令，依靠储热系统，光热电站各参数的变化曲线如图 5-33 所示。

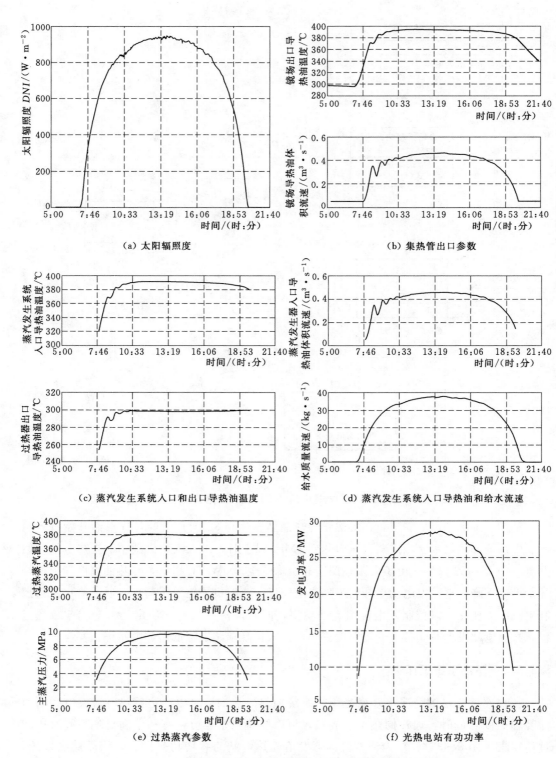

图 5-32 晴天情况下光热电站各参数的变化曲线（储热系统不工作）

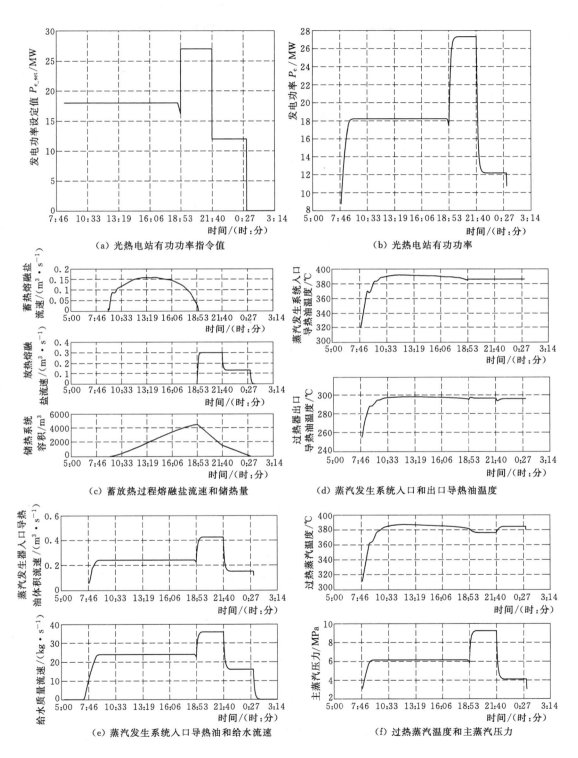

图 5-33 晴天情况下光热电站各参数的变化曲线（储热系统工作）

从图 5-33 中可以看出，在图 5-32（a）辐照度情况下，光热电站启动发电之后，为保证白天阳光充足情况下进行蓄热，光热电站有功功率控制指令要求发电机组白天按 60％额定功率，即 18MW 发电，一部分导热油用于蓄热。此时进入蒸汽发生系统的导热油流速保持不变，即保证发电功率按指令值运行。用于蓄热的导热油流量为聚光集热系统输出导热油流量减去用于发电的导热油流量。

在 18：53 时，辐照度下降至较低水平，不足以同时进行蓄热和发电，停止蓄热，此时储热系统高温熔融盐容量约达到 4452m³，未达到最大储热量。此后，调度机构下发指令要求发电机组按 90％额定功率发电以满足晚高峰负荷需求，储热系统开始放热，支撑光热电站有功功率按设定值运行。之后进入晚间负荷低谷，降低发电机组出力至 40％额定功率运行，直至储热系统完全释放储热量，电站停止运行。蓄放热过热熔融盐的流速变化和储热系统储热量变化情况如图 5-33（c）所示。

由于蓄热阶段未达到最大蓄热量，在维持电站按 90％额定功率发电约 3h、按 40％额定功率发电约 3h 后，储热系统完全放热，光热电站有功功率迅速降低，直至停机。可见，在傍晚辐照度降低直至夜间，储热系统能够维持光热电站按调度指令运行一段时间。

5.6.3　多云天气下光热电站的运行特性

5.6.3.1　储热系统不工作

在多云天气下，由于云层遮挡太阳辐照度会出现大幅度频繁波动，直接导致聚光集热系统中集热管出口导热油温度波动，进而影响光热电站发电的有功功率波动。图 5-34 为某地 2014 年 9 月 2 日多云天气、太阳辐照度大幅波动情况下电站的有功功率和聚光集热系统导热油参数变化曲线。

从图 5-34 中可以看出，辐照度的波动使得集热管出口导热油温度和流速均发生大幅波动，实际中会造成汽轮机频繁启停，从而引起光热电站有功功率的不稳定波动，如图 5-34（f）所示。另外，由于光热电站的能量转换各子系统具有较大惯性，功率变化频率远小于太阳辐照度的变化频率，也反映出光热发电对于太阳辐照度的波动性具有一定的延迟和抑制作用。

5.6.3.2　储热系统工作

光热电站储热系统可以在辐照度大幅波动的情况下，通过放热换热，抑制辐照度波动引起的聚光集热系统出口导热油温度和流速的频繁变化，进而维持光热电站有功功率稳定。电站启动时，储热系统中高温储热罐已储满高温熔融盐，图 5-35 为该情况下，电站的有功功率和主要参数变化曲线。其中，图 5-35（a）为调度机构下发给光热电站的有功功率指令，白天按 90％额定功率运行至 18：53，为满足晚高峰负荷需求，同时确保剩余储热量能够维持光热电站运行更长时间，有功功率指令值降为 80％额

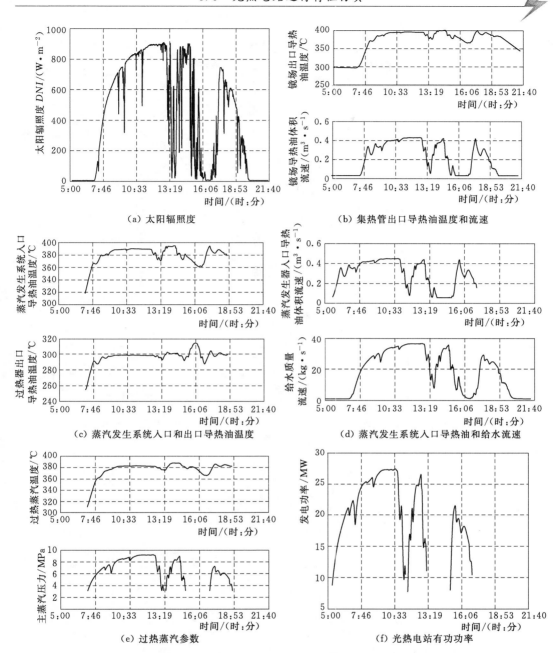

图 5-34 多云天气下光热电站有功功率与各参数变化曲线（无储热系统）

（a）太阳辐照度
（b）集热管出口导热油温度和流速
（c）蒸汽发生系统入口和出口导热油温度
（d）蒸汽发生系统入口导热油和给水流速
（e）过热蒸汽参数
（f）光热电站有功功率

定功率运行约 1.5h，有功功率指令值降为 50% 额定功率，直至储热系统完全释放储热量。

从图 5-35 中可以看出，在图 5-34（a）的辐照度下，上午时段辐照度较稳定，略有波动，光热电站启动发电直至功率达到有功功率控制指令 90% 额定功率，并维持运行。大约 13：20 后，辐照度大幅波动，储热系统开始放热，支撑光热电站有功功率按设定值运行，直至储热系统完全释放储热量，电站停止运行。放热阶段熔融盐流速和储

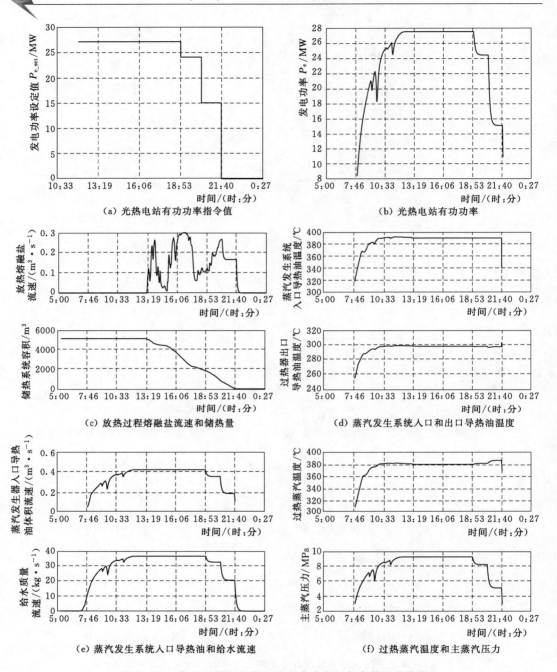

（a）光热电站有功功率指令值

（b）光热电站有功功率

（c）放热过程熔融盐流速和储热量

（d）蒸汽发生系统入口和出口导热油温度

（e）蒸汽发生系统入口导热油和给水流速

（f）过热蒸汽温度和主蒸汽压力

图 5-35　多云天气下光热电站有功功率与各参数变化曲线

热系统储热量变化情况如图 5-35（c）所示。由于云遮情况引起的辐照度大幅波动，熔融盐流速也会不断变化，以控制换热量，保证换热后进入蒸汽发生系统的导热油温度和流量稳定。

由于储热容量充足，且熔融盐放热流速未按最大流速换热，因此在白天应对辐照度变化维持电站按 90% 额定功率运行后，仍可支撑光热电站按部分功率运行至晚间 21：40 左右。

参 考 文 献

［1］ 黄素逸，黄树红．太阳能热发电原理及技术［M］．北京：中国电力出版社，2012.

［2］ 黄湘，王志峰．太阳能热发电技术［M］．北京：中国电力出版社，2013.

［3］ 刘鉴民．太阳能热动力发电技术［M］．北京：化学工业出版社，2012.

［4］ Joseph E L. Two－tank indirect thermal storage designs for solar parabolic trough power plans
［D］. America：University of Nevada，2009.

［5］ Lippke F. Simulation of the part－load behavior of a 30 MWe SEGS plant［R］. Albuquerque，
New Mexico，the United States，1995.

［6］ Jones S，Pitz－Paal R，Schwarzboezl P. TRNSYS modelling of the SEGS VI parabolic trough so-
lar electric generating system［C］. ASME International Solar Energy Conference Solar Forum，
Washington DC，2001.

［7］ Stuetzle T A. Automatic control of the 30 MWe SEGS VI parabolic trough plant［D］. America：
University of Wisconsin－Madison，2002.

［8］ Patnode A M. Simulation and performance evaluation of parabolic trough solar power plants
［D］. America：University of Wisconsin－Madison，2006.

［9］ Odeh S D，Morrison G L，Behnia M. Modelling of parabolic trough direct steam generation solar
collectors［J］. Solar Energy，1998，62（6）：395－406.

［10］ Odeh S D，Behnia M，Morrison G L. Performance evaluation of solar thermal electric generation
systems［J］. Energy Conversion and Management，2003，44（15）：2425－2443.

［11］ 徐涛．槽式太阳能抛物面集热器光学性能研究［D］．天津：天津大学，2009.

［12］ 熊亚选，吴玉庭，马重芳，等．槽式太阳能集热管传热损失性能的数值研究［J］．中国科学：
技术科学，2010，40（3）：263－271.

［13］ 梁征，由长福．太阳能槽式集热系统动态传热特性［J］．太阳能学报，2009，30（4）：
451－456.

［14］ 郭苏，刘德有，张耀明，等．DSG 槽式太阳能集热器非线性分布参数模型及动态特性［J］．中
国电机工程学报，2014，34（11）：1779－1786.

［15］ 张先勇，舒杰，吴昌宏，等．槽式太阳能热发电中的控制技术及研究进展［J］．华东电力，
2008，36（2）：135－138.

［16］ 李换兵．常规槽式太阳能光热电站热力系统动态特性研究［D］．北京：华北电力大学，2015.

［17］ 张德志，徐二树，余强，等．槽式太阳能集热系统水动力特性仿真研究［J］．现代科学仪器，
2014，4（2）：9－13.

［18］ 罗娜，于刚，侯宏娟，等．槽式太阳能集热系统动态仿真［J］．热力发电，2014，43（12）：
66－71.

［19］ 曲航，赵军，于晓．抛物槽式太阳能热发电系统的模拟分析［J］．中国电机工程学报，2008，
28（11）：87－93.

［20］ Jeter S M. Analytical determination of the optical performance of practical parabolic trough collec-
tors from design data［J］. Solar Energy，1993，39（1）：11－21.

［21］ 李显，朱天宇，徐小韵，等．1MW 塔式太阳能电站蓄热系统模拟分析［J］．太阳能学报，
2011，32（5）：632－637.

［22］ 曹丁元，金秀章，孙小林，等．太阳能换热系统的机理建模及研究［J］．电力科学与工程，
2014，30（8）：57－62.

［23］ 宿建峰，韩巍，林汝谋，等．双级蓄热与双运行模式的塔式太阳能热发电系统［J］．热能动力

工程，2009，24（1）：132-137.

[24]　余强，徐二树，常春，等．塔式太阳能电站定日镜场的建模与仿真 [J]．中国电机工程学报，2012，32（23）：90-97.

[25]　王孝红，刘化果．塔式太阳能定日镜控制系统综述 [J]．济南大学学报（自然科学版），2010，24（3）：302-307.

第6章 新能源电站控制系统模型

新能源电站参与电力系统控制，具备调节并网点的有功/无功输出、响应电网的电压、频率变化的能力，已经成为各个国家新能源并网的普遍要求。与火电机组、水电机组相比，风电机组和光伏发电单元具有单机容量小、交流侧电压低等特点。一个风电场或光伏电站往往包含几十台到几百台风电机组或光伏逆变器，采用组串式光伏逆变器的光伏电站，光伏逆变器数量甚至达到几千台，要实现并网点功率、电压、频率等电气量的控制，必须依靠电站级的整体协调控制。目前，独立的电站级功率控制系统已经成为风电场、光伏电站的标准配置。由于电站控制系统的作用，新能源电站的并网特性，特别是在秒级以上时间尺度的特性，已经不完全由风/光资源以及发电设备决定，更与电站控制系统的控制性能密切相关。因此，在研究相对较长时间尺度的新能源发电并网问题时，电站控制系统的模型是必须考虑的重要因素之一。

本章结合新能源电站的典型结构以及新能源电站有功、无功控制的相关要求，介绍目前新能源电站的有功和无功控制模式、控制系统构架以及控制策略，在此基础上，介绍 WECC、IEC 以及中国电力科学研究院等国内外主流机构在新能源电站控制系统模型方面的研究成果，并通过算例仿真，分析考虑新能源发电控制系统的并网运行特性。

6.1 新能源电站的典型结构

新能源电站根据其规模、大小以及位置，可分为分散接入、集中接入等典型的接入方式。以风电场为例，阐述分散式接入和集中式接入结构。

（1）分散式接入。若干台风电机组通过单元变压器升压至 10kV/35kV，并直接通过 10kV/35kV 馈线，接入系统变电站的 10kV/35kV 母线，如图 6-1 所示。这种接入方式一般适用于容量在 20MW 以内，规模较小的风电场。

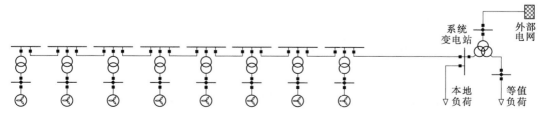

图 6-1 风电分散式接入

（2）集中式接入。风电机组经过单元变压器升压至 10kV/35kV，并经过 10kV/35kV 集电线路汇集到升压变电站，再升压至 66kV/330kV，经 66kV/330kV 输电线路接入到系统变电站的 66kV/330kV 母线，如图 6-2 所示。这种接入方式适用于 50～300MW 及以上，规模较大的风电场。

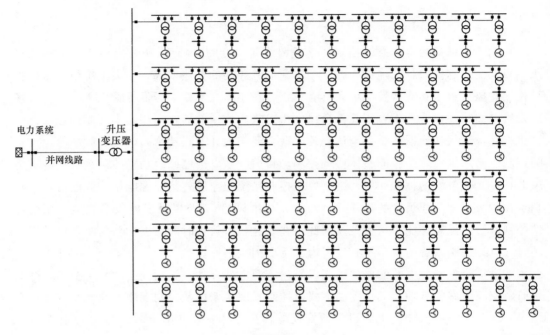

图 6-2 风电集中式接入

6.2 新能源电站并网控制要求

由于新能源运行特性与常规电源有较大的差异，无法完全按照水电、火电的模式要求新能源电站，因此大多数国家针对风电、光伏发电等新能源，制定了专门的并网技术标准。电力系统对新能源并网的要求涉及电能质量、有功控制、电压无功控制、故障穿越、功率预测、电磁兼容、信息通信等多个环节，与电站控制系统模型关系密切的主要是有功功率控制和无功功率控制两个部分。

6.2.1 有功功率控制要求

新能源电站有功控制的要求主要包括：①有功功率调节能力；②有功变化率控制；③频率控制。

6.2.1.1 有功功率调节能力

有功功率调节能力是指新能源电站应具备将有功功率控制在某个设定值（或范围）

的能力，通常有两种模式。

（1）根据电网指令或者计划曲线，将电站有功功率控制在某个设定值，当电站最大可发的功率低于该设定值时，则按最大可发功率运行（定值控制），包括我国在内的大部分国家，对于新能源电站的有功控制均采用这种方式。

（2）将新能源电站的有功功率控制在低于最大可发功率运行，实际出力和最大可发功率之间的差值由调度机构给定（差值控制）。这种模式下，新能源电站具备一定的功率上调能力，能够在一定程度上应对系统的功率缺额，目前在一些规模相对较小的电网（如爱尔兰）采用。

6.2.1.2 有功变化率控制

有功变化率控制是指在正常的启停过程和运行时，新能源电站应该能够控制其有功输出的变化速度，一般分 10min 变化率要求和 1min 变化率要求。

我国现行的风电并网标准按照风电场的规模对有功功率变化率要求进行了区分。对于装机容量小于 30MW 的风电场，要求 10min 有功功率变化最大限值不超过 10MW，1min 有功功率变化最大限值不超过 3MW；对于装机容量 30～50MW 的风电场，10min 有功功率变化最大限值不超过装机容量的 1/3，1min 有功功率变化最大限值不超过装机容量的 10%；而对于装机容量超过 150MW 的风电场，要求 10min 有功功率变化最大限值不超过 50MW，1min 有功功率变化最大限值不超过 15MW。

我国现行光伏电站并网标准对于有功功率变化最大限值的要求则相对简单，仅要求光伏电站有功功率变化最大限值 1min 变化率不超过装机容量的 10%。

6.2.1.3 频率控制

频率控制是指在电网频率变化超过一定的阈值时，新能源电站能够快速控制有功输出，支撑电网的频率稳定性。对新能源电站频率控制的要求，一般属于电力系统一次调频范畴，因此相关指标通常也按照一次调频设置，包括死区、响应时间、调节时间、调差率等。图 6-3 为典型的新能源电站一次调频曲线。其中，P_0 为有功功率稳态初始值，K_{f1} 为有功调频系数（欠频），P_N 为有功功率额定值，K_{f2} 为有功调频系数（过频），f_{L1} 为欠频动作死区阈值，f_0 为系统基准频率，f_{H1} 为过频动作死区阈值。

部分国家对于新能源电站频率响应特性的主要指标见表 6-1。与常规水电、火电相比，新能源电站输出功率受风速、光照等资源的约束较大，在无风或者夜间无光的情况下，新能源电站没有功率输出，也自然没有频率控制能力；在新能源有功输出不受限的情况下，只能够降低有功而无法增加有功功率。欧洲互联电网以及丹麦、德国等国家对新能源电站按规模进行了区分，对于规模较小的新能源电站，只要求具备电网频率上升时有功功率向下调节的能力。

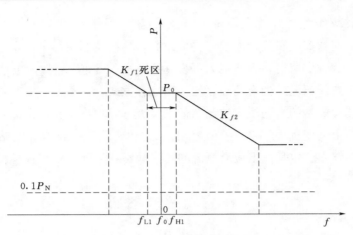

图 6-3　新能源电站一次调频曲线

表 6-1　　　　　　　部分国家对于新能源电站频率响应特性的主要指标

国家/电网	适用电源	运行范围/Hz	频率下垂控制斜率	响应时间/s	调节时间/s	允许误差/%
中国	风电、光伏发电	49.5~50.2				
丹麦	风电、光伏发电	50.00±3.00	可调	2	10	±0.5
德国	风电、光伏发电	50.2~51.2	40%（过频）			
爱尔兰	风电	47~51.5	2%~10%			
意大利	风电、光伏发电	47.5~51.5	2%~5%		50	0.02
英国	风电、光伏发电	47~52	3%~5%			
欧洲互联电网	风电、光伏发电	49.5~50.5	2%~12%	2	30	

6.2.2　无功功率控制要求

新能源电站无功功率控制要求主要分为两个部分：一是对无功调节容量的要求；二是对无功功率控制模式的要求。

6.2.2.1　无功功率调节容量

无功功率调节能力是指在正常电压范围下，新能源电站无功功率的调节范围。

新能源电站的无功源可分为两类：一类是风电机组、光伏逆变器等新能源发电设备，这些设备自身具备无功功率输出能力，但其输出能力可能受有功功率的影响；另一类是专门配置的无功功率补偿设备，如自动投切的电容器、晶闸管控制的静止无功补偿器（static var compensator，SVC）、采用全控器件的静止无功发生器（static var generator，SVG）等。无功出力范围的要求主要是针对电站整体，丹麦关于风电场无功功率输出能力的要求如图 6-4 所示。

我国新能源并网标准同时也对风电机组和光伏逆变器单体的无功功率输出范围提出了要求，要求风电机组和光伏逆变器在额定有功时，功率因数能够在 -0.95 和 0.95 之间连续可调，也就是无功功率能够达到额定有功功率的 1/3 左右。

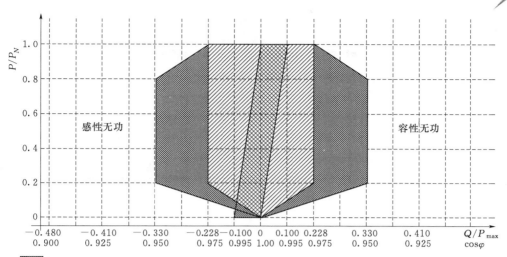

额定容量 1.5kW～1.5MW 的风电场无功容量要求

额定容量 1.5～25MW 的风电场无功容量要求

额定容量 25MW 以上的风电场无功容量要求

图 6-4 丹麦风电并网标准关于风电场无功功率输出范围的要求

对于风电场和光伏电站，我国并网标准则根据不同的电压等级有所区分，对于接入 110（66）kV 电压等级的风电场和光伏电站，要求电站的容性和感性无功功率均能够补偿所有工况下自身无功需求以及送出线路一半的无功功率需求；对于接入 220kV 及以上电压等级的电站，要求容性和感性无功功率均能够补偿所有工况下自身无功功率需求以及送出线路全部的无功功率需求。对于接入低电压等级的电站，采用功率因数范围确定电站的无功调节容量，如对于接入 10～35kV 的光伏电站，要求功率因数在－0.98 和 0.98 之间连续可调，也就是无功功率能够达到额定有功功率的 20% 左右。

6.2.2.2 无功功率控制模式

对于新能源电站的无功功率控制模式，通常包括定无功功率模式、定功率因数模式、定电压模式以及电压无功下垂模式等。部分国家对于新能源电站无功功率控制模式的要求见表 6-2 和表 6-3。

表 6-2　　部分国家新能源电站定无功功率控制和定功率因数控制要求

国家/电网	无功功率控制模式	响应时间/s	调节时间/s	允许偏差
丹麦	定无功功率控制	2	10	1kvar
	定功率因数控制			0.001kvar
德国	定无功功率控制 定功率因数控制 PF（P）函数		10	
欧洲互联电网	定无功功率控制			±5Mvar 或 ±5%
	定功率因数控制			

表 6 - 3　　　　　　　　　　部分国家新能源电站无功电压下垂控制要求

国家/电网	电压控制范围/%	下垂控制功能	响应时间/s	调节时间/s	允许偏差
中国	97～107				
丹麦		可选	2	30	0.1kV
德国		Q（U）曲线		10～60	
意大利	80～110				±0.5%
英国	95～105	2%～7%			
欧洲互联电网	95～105	2%～7%	1～5	5～60	5%

6.3　新能源电站有功功率控制

6.3.1　控制方案

新能源电站有功功率控制策略包括有功功率整定和有功功率分配两部分。通常，有功控制的目标为并网点的有功功率或系统频率。有功功率整定是通过获取调度有功功率指令值以及新能源电站并网点有功功率测量值、无功功率测量值、系统频率等测量值计算当前新能源电站的有功功率调整量；有功功率分配是将整定层计算获取的有功功率调整量按照制定的有功功率分配策略下发至电站内各新能源发电机组（包括风电机组和光伏发电单元），新能源发电机组按照接收到的有功功率参考值调整机组输出功率值，进而改变并网点有功功率以实现新能源电站的有功/频率闭环控制。

新能源电站有功功率/频率控制结构及实现流程如图 6 - 5 所示。其中：P_{POI} 为并网点有功功率测量值；P_{ord} 为有功功率整定目标值；P_{meas_i} 为第 i 台机组有功功率测量值；f 为系统频率测量值；Q_{meas_i} 为第 i 台机组无功功率测量值；P_{ref} 为调度有功功率控制指令；P_{ref_i} 为第 i 台机组有功功率参考值。

6.3.2　有功功率调整量计算方法

新能源电站并网后需根据电网的调度指令工作在不同的有功功率控制模式。除最大功率点跟踪模式之外，新能源电站的有功功率控制模式包含限值模式、差值模式、调频模式等 3 种模式。新能源电站按照电网调度机构下发的调度指令投入或者退出相应的功率控制模式。

1. 限值模式

新能源电站将功率控制在预设值或者电网调度下发的调度指令 P_{ref}，按照相关标准，电网调度会根据电网的运行状态在不同的时段下发不同的功率限制值，如图 6 - 6 所示。

具体实现时，根据 P_{ref} 与预测功率 P_a 得到该周期的功率目标值 P_{ord}，再根据实时出

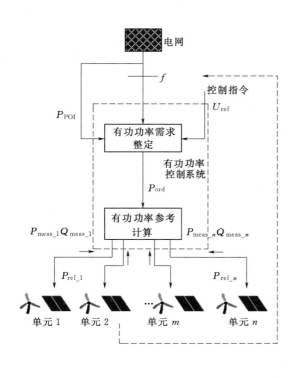

（a）控制结构

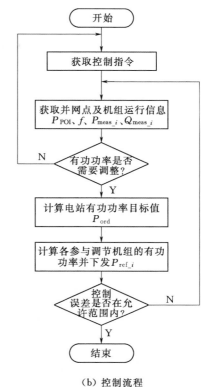

（b）控制流程

图6-5 新能源电站有功功率/频率控制结构及实现流程

力 P_{POI} 判断该控制周期的功率变化：若 $P_{\text{ref}}>$ P_{POI}，则新能源电站需要增加出力；若 $P_{\text{ref}}<$ P_{POI}，则新能源电站需降低出力；若 $P_{\text{ref}}=$ P_{POI}，则新能源电站维持出力不变。功率目标值 P_{ord} 为

$$P_{\text{ord}}=\min(P_{\text{ref}},P_{\text{a}})+P_{\text{loss}} \qquad (6-1)$$

式中　P_{loss}——电站的有功损耗。

新能源电站的有功损耗主要由电站内的线路和变压器等产生，其数值可由各发电机组有功功率总和与并网点有功功率的差值估算。

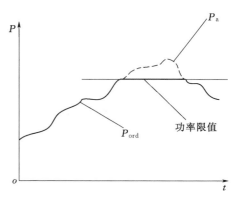

图6-6 限值模式示意图

2. 差值模式

差值模式可以看作限值模式的一种延伸。采用该模式时，新能源电站出力与预测功率之间保持一个固定的差值 ΔP，ΔP 为预先设定值或由电网调度机构结合电网以及新能源电站的运行状态提供，如图6-7所示。该模式的优点是新能源电站具有一定的有功备用，具备出力上调和下调的能力。

根据电网调度指令计算该周期新能源电站有功出力目标值 P_{ord} 为

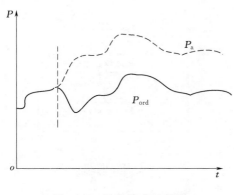

图 6-7　差值模式示意图

$$P_{ord} = P_a - \Delta P + P_{loss} \qquad (6-2)$$

3. 调频模式

新能源电站在差值模式的基础上，根据系统频率或调度机构下发的调频指令调整全场出力。以图 6-3 为例，有功调整量 P_{adj} 的计算公式为

$$P_{adj} = \begin{cases} K_{f1}(f_{L1} - f), f < f_{L1} \\ K_{f2}(f_{H1} - f), f > f_{H1} \end{cases}$$

$$P_{ord} = P_{POI} + P_{adj} + P_{loss} \qquad (6-3)$$

式中　f——当前频率测量值。

需要注意的是，由于新能源电站的有功出力受风速、辐照度等资源特性的影响，当电站出力已达当前最大可发功率时，则功率上调无法实现。

6.3.3　有功调整量分配方法

有功功率分配需要考虑机组当前出力、机组可调裕度、可调机组的数量、调节频次等多种因素。有功功率调整量在新能源发电机组常用的分配方法有按额定容量平均分配、按有功调节裕量比例分配、部分机组优先调节等。

1. 按额定容量平均分配

根据新能源发电机组有功功率额定值的比例关系进行分配，即

$$P_{ref\_i} = P_{meas\_i} + \frac{P_{N\_i}}{\sum\limits_{j} P_{N\_j}} P_{adj} \qquad (6-4)$$

式中　P_{adj}——新能源电站有功功率整定得到的有功功率调整量；

　　　P_{N_i}——参与电站有功控制的第 i 台机组的有功功率额定值。

2. 按有功功率调节裕量比例分配

利用新能源电站功率预测系统得到电站内各样本发电机组的功率预测值，按照样本发电机组所在区域对新能源电站进行分区控制，不同分区内的有功功率调整量按照样本机组的功率预测值比例进行分配，同一分区内的新能源发电机组有功功率调整量则按照平均分配计算得到，即

$$P_{ref\_i} = P_{meas\_i} + \frac{P_a^i}{\sum\limits_{i=1}^{m} n_i P_a^i} P_{adj} \qquad (6-5)$$

式中　i——新能源电站第 i 个分区；

　　　m——新能源电站分区总数；

　　　n_i——第 i 个分区内可调新能源发电机组的数量；

　　　P_a^i——第 i 个分区的样本发电机组功率预测值。

3. 部分机组优先调节

根据新能源电站内发电机组的有功功率调节性能优劣，调节性能优异的机组承担更多有功功率调整量，调节性能较差的发电机组少承担或不承担有功功率调整量。

上述 3 种有功功率调整量分配方法中，按额定容量平均分配方法简单，但是可能存在部分机组调节能力不足的问题；按有功功率调节裕量比例分配方法可解决上述问题，但需要计算每台机组的实时可发有功功率值；部分机组优先调节方法可以避免有功功率控制系统反复调节，减少调节控制系统的调节时间，但需要根据电站内各机组的历史运行状态确定机组优先调节顺序。

6.4 新能源电站无功功率控制

6.4.1 控制方案

新能源电站无功功率控制策略包括无功功率需求整定和无功功率参考计算两部分。通常，电压控制点为新能源电站并网点。无功功率需求整定层通过获取并网点输出功率以及实时电压值计算整站所需的无功功率输出值（感性/容性）；无功功率参考计算层将计算所得的无功功率输出需求值按照制定的控制策略分解至电站内各发电机组/单元和无功功率补偿设备，作为控制信号改变发电机组/单元和无功功率补偿装置（如 SVC）的无功功率输出，进而改变并网点电压以实现整个电站的无功功率/电压闭环控制。

新能源电站无功功率/电压控制结构及实现流程如图 6-8 所示。其中，Q_{POI} 为并网点无功功率测量值，Q_{ref_i} 为第 i 台机组无功功率参考值，U_{POI} 为并网点电压测量值，Q_{SVC} 为 SVC 无功功率测量值，U_{ref} 为并网点电压参考值，Q_{ref_SVC} 为 SVC 无功功率参考值，Q_{ord} 为无功功率整定目标值。

6.4.2 无功功率调整量计算方法

新能源电站无功功率控制主要包括定无功功率控制、定功率因数控制、定电压控制和无功/电压下垂控制 4 种模式。

1. 定无功功率控制

将新能源电站并网点无功功率控制在调度机构下发的无功功率，即

$$Q_{ord} = Q_{ref} + Q_{loss} \tag{6-6}$$

式中 Q_{loss}——电站无功功率损耗。

通常认为新能源电站无功功率损耗其数值可由各无功源（包括电站内各发电机组和 SVC）无功功率总和与并网点无功功率的差值估算。

2. 定功率因数控制

根据新能源电站并网点有功功率调整无功功率，将并网点功率因数控制在调度机构

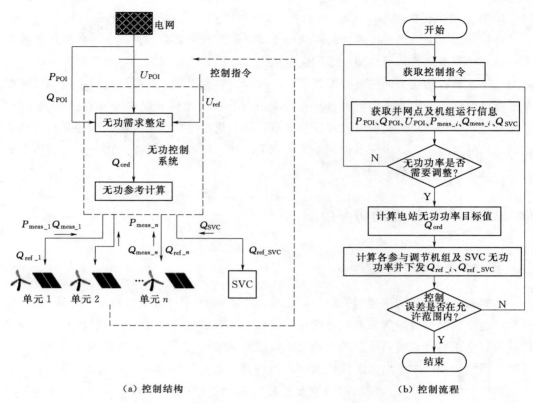

（a）控制结构　　　　　　　　　　（b）控制流程

图 6-8　新能源电站无功/电压控制结构及实现流程

下发的设定值，即

$$Q_{ord} = \frac{\sqrt{1-PF_{ref}^2}}{PF_{ref}} P_{POI} + Q_{loss} \qquad (6-7)$$

式中　PF_{ref}——调度下发的并网控制因数参考值。

3. 定电压控制

根据电站无功电压灵敏度调整电压无功功率，控制并网点电压至调度下发的电压设定值，即

$$Q_{adj} = K_{qv}(U_{ref} - U_{POI})$$

$$Q_{ord} = Q_{adj} + Q_{SVC} + \sum_{i=1}^{n} Q_{meas\_i} \qquad (6-8)$$

式中　Q_{adj}——新能源电站无功功率调整量；

　　　K_{qv}——根据新能源电站接入点电网条件短路容量计算的无功电压调节系数；

　　　n——新能源电站内发电机组数量。

由于电压调节一般为调度预先设定的电压值，通常一次调整无法使并网点电压满足控制需求，需多次闭环反馈控制才能实现并网点电压在允许控制偏差范围内，因而定电压控制的调节时间较长。

4. 无功功率/电压下垂控制

根据并网点电压测量值与参考值的偏差，按无功电压系数调整无功功率，即

$$Q_{adj} = K_{qv}(U_{ref} - U_{POI})$$

$$Q_{ord} = Q_0 + Q_{adj} + Q_{loss} \tag{6-9}$$

式中 Q_0——光伏电站并网点电压为 U_{ref} 时对应的无功功率；

K_{qv}——预置的无功功率/电压下垂系数。

6.4.3 无功功率调整量分配方法

无功功率调整量在新能源发电机组间的分配方法主要包括等功率因数分配、等无功功率比例分配、基于无功功率裕度分配、部分机组优先调节等。

1. 等功率因数分配

根据获得的新能源电站无功功率调整量 Q_{ord} 并结合机组当前有功功率 P_{meas_i}，计算得到调整过后新能源电站的功率因数，根据该功率因数确定具体机组的无功功率参考值，即

$$PF_{plant} = \frac{\sum P_{meas\_i}}{\sqrt{Q_{ord}^2 + \sum P_{meas\_i}^2}}$$

$$Q_{ref\_i} = P_{meas\_i} \frac{\sqrt{1 - PF_{plant}^2}}{PF_{plant}} \tag{6-10}$$

式中 PF_{plant}——新能源电站功率因数；

$\sum P_{meas\_i}$——新能源发电机组有功功率总和；

Q_{ref_i}——分配到第 i 台新能源发电机组的无功功率参考值。

2. 等无功功率比例分配

根据机组无功容量的比例关系进行分配，即

$$Q_{ref\_i} = Q_{meas\_i} + \frac{Q_i^{max}}{\sum_j Q_j^{max}} Q_{adj} \tag{6-11}$$

式中 Q_i^{max}——参与无功功率控制的第 i 台机组的最大无功容量。

3. 基于无功功率裕度分配

根据机组的无功功率裕度大小进行分配，尽可能保证每台新能源机组有相近的无功功率裕度，即剩余无功功率多的机组，提供多的无功功率，剩余无功功率少的机组，提供少的无功功率。具体实现如下：

第 i 台新能源发电机组表示为 $G_{unit,i}$，无功容量表示为 $Q_{N,i}$，则求取第 i 台新能源发电机组输出无功功率的初始分配因子为

$$D_i = Q_{N,i}/Q_{\sum unit}$$

$$Q_{\sum unit} = \sum_{i=1}^m Q_{N,i} \tag{6-12}$$

式中　$Q_{\Sigma \text{unit}}$——新能源发电机组的总无功功率；

　　　　m——在线运行的新能源发电机组数量。

利用上述功率分布因子，求取无功功率调整量 Q_{ord} 在第 i 台新能源发电机组的参考值为

$$Q_{\text{ref}\_i} = Q_{\text{meas}\_i} + D_i Q_{\text{adj}} \qquad (6-13)$$

对新能源发电机组的调节裕量进行校验，若满足调节条件，方案通过；若有新能源发电机组的调节裕量不足，则需修正方案，具体方法如下：

记调节裕量不足的新能源发电机组集合为 Ω_{Lack}，其数量为 M，其中，各新能源发电机组的调整量为

$$Q'_{\text{ref}\_j} = Q_{\text{N},j} - Q_{\text{meas}\_j} \qquad (6-14)$$

式中　$Q_{\text{N},j}$——新能源发电机组 j 的无功容量；

　　　　Q_{meas_j}——新能源发电机组 j 的当前无功功率输出值。

修正后的 Ω_{Lack} 集合新能源发电机组 j 的无功功率补偿量分配系数为

$$D'_j = Q'_{\text{ref}\_j} / Q_{\text{cmd}} \qquad G_{\text{unit},j} \in \Omega_{\text{Lack}} \qquad (6-15)$$

其余新能源发电机组的无功功率补偿量分配系数为

$$D'_i = \frac{1 - \sum\limits_{G_{\text{unit},j} \in \Omega_{\text{Lack}}} D'_j}{1 - \sum\limits_{G_{\text{unit},j} \in \Omega_{\text{Lack}}} D_j} D_i \qquad G_{\text{unit},i} \notin \Omega_{\text{Lack}} \qquad (6-16)$$

经修正后的各新能源发电机组的无功功率参考值为

$$Q'_{\text{ref}\_i} = Q_{\text{meas}\_i} + D'_i Q_{\text{adj}} \qquad (6-17)$$

如此反复可形成调节裕量匮乏和充裕的光伏发电单元无功功率调整量分配系数或分配量。

4. 部分机组优先调节

根据新能源电站内发电机组的无功功率调节性能优劣，调节性能优异的机组承担更多无功功率调整量，调节性能较差的发电机组少承担或不承担无功功率调整量。

上述 4 种无功功率调整量分配方法中，等功率因数分配方法简单，但是可能存在部分机组调节能力不足的问题，造成无功功率控制系统反复调节，增加系统调节时间；按额定容量等无功功率比例分配方法存在与第一种方法的类似问题；基于无功功率裕度分配方法可解决上述问题，但需要计算每台机组的可调无功裕度；部分机组优先调节方法可以避免有功控制系统反复调节，减少调节控制系统调节时间，但需要根据电站内各机组的历史运行状态确定机组优先调节顺序。

6.5　新能源电站控制系统模型

本节首先介绍控制系统的建模思路及原则，然后分别介绍 WECC、IEC 和 CEPRI 提出的新能源电站控制系统模型。

6.5.1　控制系统建模原则

真实的新能源电站控制系统需要监测并网点和发电设备信息，向电站中所有的新能源发电设备发送控制指令。而目前在实际大电网仿真计算中，一座包含成百上千台风电机组或光伏逆变器的新能源电站一般情况下可以等值为一台风电机组或者逆变器，因此无法根据实际的控制系统结构对电站控制系统建模，必须针对电力系统仿真分析的实际情况，进行以下简化处理：

（1）一般采用一台等值机模型（等值风电机组或等值逆变器）加一个电站控制系统模型的方式。

（2）由于风电场/光伏电站往往按照单机等值处理，电站功率控制系统的功率分配过程无法体现，因此在电站级控制系统模型需忽略功率分配环节。

（3）实际控制系统中，电压、功率等信息一般通过电站监控以通信方式获取，与常规火车机组的励磁和调速系统测量环节相比，延时相对较长，在建模中，一般用简单延时环节考虑。

（4）控制系统下达控制指令到风电机组/光伏逆变器也通过通信实现，这个过程相对较长，并且每台机组实际接收到指令的时刻也不完全一致。但在电站级控制模型中，无法考虑这类特性，一般也通过一个简单的延时环节模拟指令传输过程。

（5）实际运行中，电站控制系统通过多次指令下发实现功率调节的闭环，整个过程是一个离散控制，但在仿真模型中，一般采用连续控制环节（如 PI 控制）模拟该离散过程。

6.5.2　WECC 的新能源电站控制系统模型

WECC 于 2014 年提出了新能源电站控制系统模型，如图 6-9 所示，具体变量说明如表 6-4 和表 6-5。在有功功率控制方面，该模型实现了定有功功率控制与一次调频功能，考虑了有功功率变化率限制；在无功功率控制方面，实现了定电压控制与定无功功率控制功能；模型已在 PSS/E、PSLF 等软件平台实现。

表 6-4　　　　　　　　　　　有功功率控制系统参数（WECC）

变量	含义	变量	含义
P_{plant_ref}	电站接收到的有功功率指令值	T_{lag}	有功功率控制环的时间常数
P_{branch}	电站有功功率实测值	F_{ref}	电站频率参考值
T_p	测量环节时间常数	F_{req}	电站频率实测值
f_{emax}	有功功率偏差的上限	fdbd1	调频死区下限值
f_{emin}	有功功率偏差的下限	fdbd2	调频死区上限值
K_{pg}	PI 控制环节的比例系数	Ddn	下垂控制的下调系数
K_{ig}	PI 控制环节的积分系数	Dup	下垂控制的上调系数
P_{max}	比例积分环节的幅值上限	Freqflag	状态开关切换标志位[①]
P_{min}	比例积分环节的幅值下限	P_{ref}	电站有功功率控制系统的输出值

① 为 1 时表示电站有功控制系统投入运行，为 0 时表示电站有功功率控制系统退出运行。

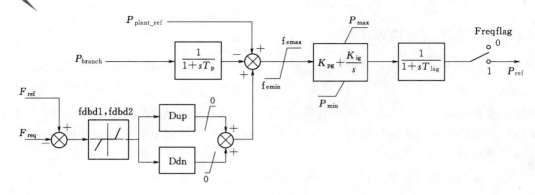

（a）有功功率控制模型

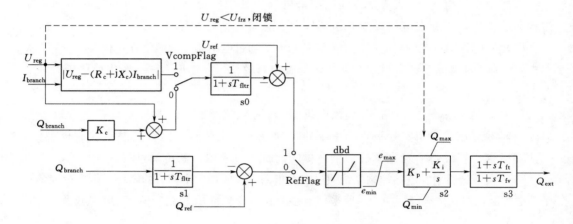

（b）无功功率控制模型

图 6 - 9　WECC 的新能源电站控制系统模型

表 6 - 5　　　　　　　　　　　　无功控制系统参数（WECC）

变量	含　义	变量	含　义
U_{reg}	电站端口母线电压测量值	e_{max}	偏差上限
I_{branch}	电站电流实测值	e_{min}	偏差下限
R_c	线路压降的补偿电阻①	Ddn	下垂控制的下调系数
X_c	线路压降的补偿电抗①	Dup	下垂控制的上调系数
Q_{branch}	电站无功功率实测值	K_p	PI 控制环节比例系数
K_c	无功电流补偿环节的增益	K_i	PI 控制环节积分系数
VcompFlag	状态开关切换标志位②	Q_{max}	PI 控制环节幅值上限
T_{fltr}	电压或无功功率的测量时间常数	Q_{min}	PI 控制环节幅值下限
U_{ref}	电站端口母线电压参考值	T_{ft}、T_{fv}	超前-滞后环节时间常数
Q_{ref}	电站无功功率参考值	Q_{ext}	电站无功功率控制系统的目标值
RefFlag	状态开关切换标志位③	U_{frz}	低电压穿越电压阈值④
dbd	死区		

①　用于模拟下垂控制或线路压降补偿。

②　为 1 时选择线路压降补偿环，为 0 时选择下垂控制环。

③　为 1 时选择电压控制环，为 0 时选择无功控制环。

④　典型取值范围为 0～0.7p.u.，当电站端口母线电压 $U_{reg}<U_{frz}$ 时，电站控制的积分变量（s2）闭锁。

6.5.3 IEC 的风电场控制系统模型

IEC 于 2015 年发布的 IEC 61400-27-1《Electrical simulation models-wind turbines》标准中,提出了风电场控制系统模型,如图 6-10 所示,图中各参数见表 6-6 和表 6-7。在有功功率控制方面,该模型实现了定有功功率控制和一次调频功能,考虑了斜率限制;在无功功率控制方面,实现了定无功功率控制、定电压控制、定功率因数控制以及无功/电压下垂控制模式;模型已在 PSS/E 等软件平台实现。

表 6-6 有功功率控制系统参数

变量	含义	变量	含义
p_{WPref}	电站有功功率参考值	dp_{refmax}	有功参考值 p_{WTref} 的最大变化率
f_{WP}	频率实测值	dp_{refmin}	有功参考值 p_{WTref} 的最小变化率
p_{WP}	有功功率实测值	p_{refmax}	电站有功功率参考值最大值
$T_{WPpfiltp}$	有功功率时间常数	p_{refmin}	电站有功功率参考值最小值
$p_{WPbias}(f)$	有功功率和频率之间的数值关系	K_{PWPp}	PI 控制比例系数
$dp_{WPrefmax}$	电站有功功率参考值的正向最大变化率	K_{IWPp}	PI 控制积分系数
$dp_{WPrefmin}$	电站有功功率参考值的反向最大变化率	$K_{IWPpmax}$	积分环节的最大值
K_{WPpref}	电站有功功率参考值的增益	$K_{IWPpmin}$	积分环节的最小值
T_{pft}、T_{pfv}	超前—滞后环节的时间常数		

表 6-7 无功功率控制系统参数

变量	含义	变量	含义
q_{WPref}	电站无功功率参考值	u_{WPqdip}	低电压穿越下无功功率控制的电压阈值
x_{refmax}	x_{WTref} 的最大需求	$q_{WP}(u_{err})$	低电压下电压—无功静态模式的对应关系
x_{refmin}	x_{WTref} 的最小需求	K_{WPqref}	无功功率参考值的增益
T_{xft}、T_{xfv}	超前—滞后环节的时间常数	$K_{IWPxmax}$	无功/电压积分环节参考值上限值
K_{PWPx}	PI 控制比例系数	$K_{IWPxmin}$	无功/电压积分环节参考值下限值
K_{IWPx}	PI 控制积分系数	dx_{refmax}	电站无功/电压参考值的正向最大变化率
$T_{WPufiltq}$	电压测量时间常数	dx_{refmin}	电站无功/电压参考值的正向最小变化率
$T_{WPqfiltq}$	无功功率测量时间常数	$M_{WPqmode}$	无功/电压控制模式状态开关标志位:0—定无功功率;1—定功率因数;2—下垂控制;3—定电压
$T_{WPpfiltq}$	有功功率测量时间常数		
T_{uqfilt}	基于电压的无功功率的测量时间常数		

6.5.4 CEPRI 的光伏电站控制系统模型

CEPRI 于 2018 年在国家电网公司企业标准《光伏发电站建模及参数测试规程》中

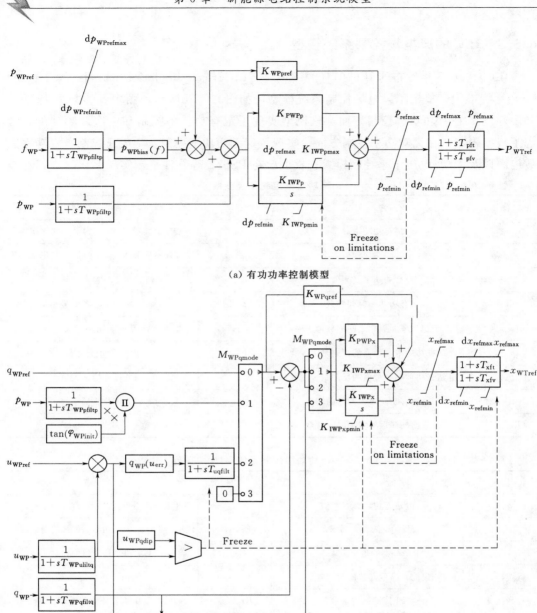

(a) 有功功率控制模型

(b) 无功功率控制模型

图 6-10　IEC 的风电场控制系统模型

提出了光伏电站控制系统模型，如图 6-11 所示，参数含义见表 6-8。在有功功率控制方面，该模型实现了定有功功率控制和一次调频功能，考虑了有功功率变化率限制；在无功功率控制方面，实现了定无功功率控制、定电压控制、定功率因数控制以及无功功率/电压下垂控制模式；模型已在 PSASP 等软件平台实现。

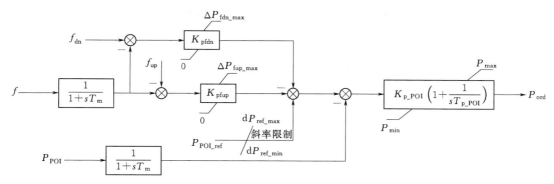

（a）有功功率控制模型

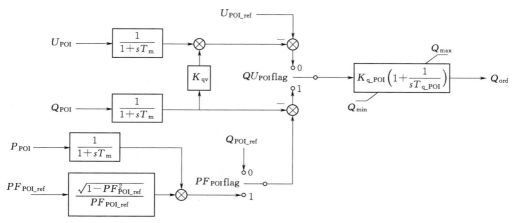

（b）无功功率控制模型

图 6-11 CEPRI 的光伏电站控制系统模型

表 6-8 光伏电站控制系统模型变量

变量	含　义	变量	含　义
ΔP_{fdn_max}	欠频有功功率调节量上限	PF_{POI_ref}	并网点功率因数参考值
ΔP_{fup_max}	过频有功功率调节量上限	P_{POI}	并网点有功功率
dP_{ref_max}	有功功率控制变化率上限	$P_{POI}flag$	电站有功功率控制使能标志位
dP_{ref_min}	有功功率控制变化率上限	P_{POI_ref}	电站有功功率参考值
f	逆变器网侧频率	Q_{POI}	并网点无功功率
f_{dn}	欠频阈值	$QU_{POI}flag$	无功功率/电压控制模式标志位
f_{up}	过频阈值	T_m	电压/电流/功率等电气量采样环节 等效时间常数
K_{p_POI}	电站无功功率 PI 控制器比例系数	T_{p_POI}	电站有功功率 PI 控制器时间常数
K_{pfdn}	欠频下垂控制因子	T_{q_POI}	电站无功功率 PI 控制器时间常数
K_{pfup}	过频下垂控制因子	U_{POI}	光伏电站并网点电压
$PF_{POI}flag$	功率因数控制标志位	U_{POI_ref}	光伏电站并网点电压参考值

6.6　算例分析

基于 DIgSILENT PowerFactory 平台建立了风电场和光伏电站功率控制系统模型，设置不同控制模式验证有功功率控制模型和无功功率控制模型的准确性。

6.6.1　风电场功率控制系统算例

6.6.1.1　算例系统

设计了风电场接入大电网的测试系统，如图 6 - 12 所示，图中风电场容量为 300MW，由 200 台 1.5MW 的双馈型风电机组组成，并采用单机倍乘法将场内风电机

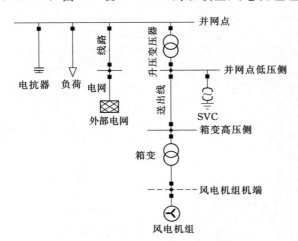

组等值为 1 台，风电机组经箱变升压至 35kV 后经场内馈线连接至并网点（POI）低压侧并由风电场升压变压器升至 220kV 后送入电网，外部电网系统采用等值发电机和负荷代替。同时，风电场并网点处接负荷 80MW，风电场初始潮流出力为 170MW。该算例中，风电场控制系统模型采用 6.5.2 节所述的 WECC 模型。

6.6.1.2　有功功率控制测试

仿真设置：$t=10$s 时改变风电场有功功率指令值至 150MW，$t=50$s

图 6 - 12　风电场功率控制测试系统模型

时改变风电场有功功率指令值为 120MW，$t=80$s 时改变风电场有功功率指令值为 140MW。仿真过程中风速保持不变，有功功率控制 PI 控制器参数设置 $K_{pp}=8$，$K_{pi}=2$，延时环节时间设置为 4s。风电场并网点有功功率与功率指令曲线如图 6 - 13 所示。

由图 6 - 13 可知，在不考虑风速等资源因素，当风电场有功功率指令值发生改变时，场内风电机组通过调节桨距角改变功率输出，桨距角输出值如图 6 - 13（b）所示。由于变桨控制系统属于机械控制，调节速度较电气控制慢，因而有功功率控制系统的调节时间主要取决于变桨控制环节，仿真结果显示风电场有功控制的调节时间超过 20s。

6.6.1.3　无功功率控制测试

1. 定无功功率模式

仿真设置：初始无功功率为 0，$t=10$s 时改变风电场无功功率指令值至 60Mvar，$t=50$s 时改变风电场无功功率指令值为 150Mvar，$t=80$s 时改变风电场无功功率指令值为

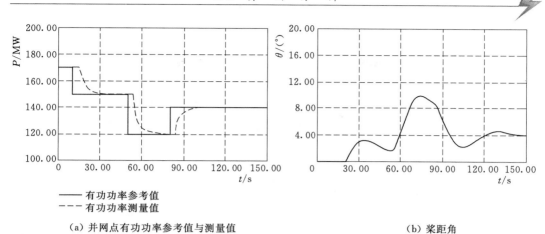

（a）并网点有功功率参考值与测量值

（b）桨距角

图 6-13　限值模式仿真曲线

—60Mvar。仿真过程中，无功功率控制 PI 控制器参数 $K_{qp}=5$，$K_{qi}=1$，延时环节时间设置为 4s。风电场并网点电压、无功功率控制指令与测量值如图 6-14 所示。

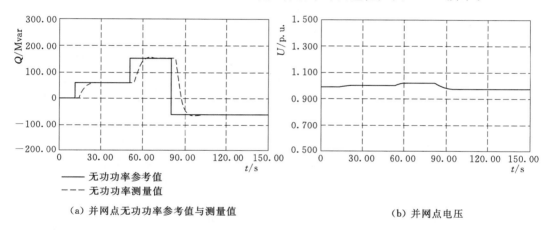

（a）并网点无功功率参考值与测量值

（b）并网点电压

图 6-14　无功功率模式仿真曲线

由图 6-14 可知，当风电场无功功率指令值发生改变时，场内风电机组通过调节风电机组变流器和无功功率补偿装置改变无功输出，无论风电机组变流器控制系统还是动态无功功率补偿控制系统均属于电气控制，系统调节时间较机械控制明显变快。仿真结果表明，在定无功功率控制模式下风电场无功功率控制系统的调节时间约为 10s。

2. 电压控制模式

仿真设置：风电场运行于定电压控制模式，控制并网点电压值为 1.0p.u.。$t=30s$ 时切除连接于并网点的 50Mvar 电容器，系统电压下降，控制器参数及延时设置与定无功功率模式相同。风电场并网点电压和无功功率输出如图 6-15 所示。

由图 6-15 可知，当采用电压控制模式时，无功功率控制系统需通过多次调整，持续增加无功功率输出，最终使并网点电压稳定在参考值附近。由于电压控制指令是多次

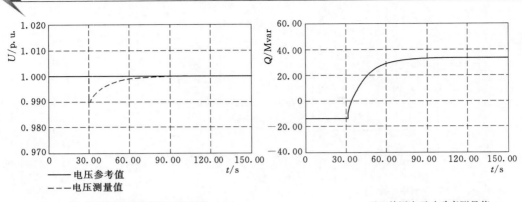

（a）并网点电压参考值与测量值　　　　　　（b）并网点无功功率测量值

图 6-15　电压控制模式仿真曲线

调节闭环过程，因而调节时间较长，仿真结果显示电压控制的调节时间超过 20s。

6.6.2　光伏电站功率控制系统算例

6.6.2.1　算例系统模型

建立光伏电站并网运行控制算例系统，如图 6-16 所示。该系统的电源为光伏电站，容量 200MW，由 400 台单机容量为 0.5MW 的光伏电站单元组成，并采用单机倍乘法将场内光伏电站单元等值为 1 台，外部电网系统采用等值发电机和负荷代替。该算例中，风电场控制系统模型采用 6.5.4 节所述的 CEPRI 光伏电站控制系统模型。

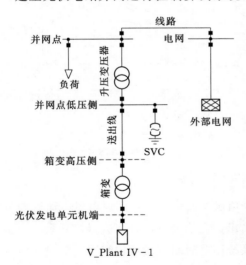

图 6-16　光伏电站功率控制算例系统

6.6.2.2　有功功率控制测试

设置系统扰动为：第 2 秒时，切除一个 15MW 的有功负荷，光伏电站投入一次调频控制功能，仿真过程中，有功功率控制 PI 控制器参数 $K_{pp}=6$，$K_{pi}=1.2$，延时环节时间设置为 2s。系统频率和光伏电站的出力如图 6-17 所示。

从图 6-17 中可以看出，有功负荷切除后，系统频率开始上升，光伏电站在一次调频控制的作用下开始减小出力，最终系统频率稳定在 50.4Hz 左右。

6.6.2.3　无功功率控制测试

1. 定无功功率模式

仿真设置：$t=10s$ 时改变光伏发电站无功功率指令值至 20Mvar，$t=50s$ 时改变光

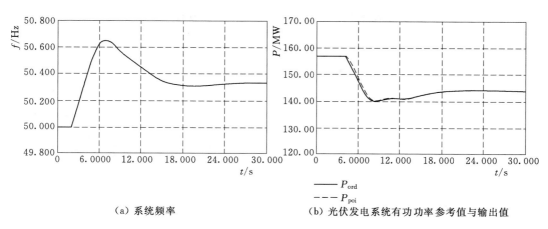

（a）系统频率 　　　（b）光伏发电系统有功功率参考值与输出值

图 6-17　光伏电站参与系统一次调频仿真结果

伏电站无功功率指令值为 50Mvar，$t=80s$ 时改变光伏电站无功功率指令值为 10Mvar。仿真过程中，无功功率控制 PI 控制器参数 $K_{qp}=3$，$K_{qi}=0.4$，延时环节时间设置为 2s。光伏电站并网点无功功率模式仿真曲线如图 6-18 所示。

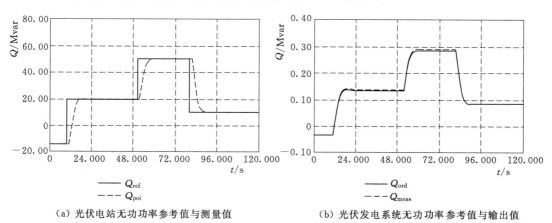

（a）光伏电站无功功率参考值与测量值 　　　（b）光伏发电系统无功功率参考值与输出值

图 6-18　无功功率模式仿真曲线

　　由图 6-18 可知，当光伏电站无功功率指令值发生改变时，电站内无功功率控制系统通过调节光伏发电系统和无功功率补偿装置改变无功功率输出，与风电场无功功率控制系统相同，无论光伏发电控制系统还是动态无功功率补偿控制系统均属于电气控制，系统调节时间相对较短。仿真结果表明，在定无功功率控制模式下光伏电站无功功率控制系统的调节时间约为 7.5s。

2. 电压控制模式

　　仿真设置：光伏电站运行于定电压控制模式，$t=10s$ 时改变光伏电站电压参考值为 1.02p.u.，$t=70s$ 时改变光伏电站电压参考值为 0.99p.u.。光伏电站并网点电压控制模式仿真曲线如图 6-19 所示。

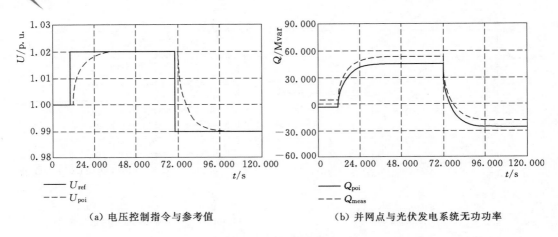

（a）电压控制指令与参考值　　　　　（b）并网点与光伏发电系统无功功率

图 6 - 19　电压控制模式仿真曲线

由图 6 - 19 可知，当光伏电站采用电压控制模式时，无功控制系统需通过多次调整逐步使并网点电压稳定在参考值附近。由于电压控制指令是多次调节闭环过程，因而调节时间较长。仿真结果显示电压控制的调节时间约为 18s。

参 考 文 献

[1]　EFTEKHARNEJAD S, VITTAL V, HEYDT G T, et al. Impact of increased penetration of photovoltaic generation on power systems [J]. IEEE Transactions on Power Systems, 2013, 28 (2): 893 - 901.

[2]　丁明，王伟胜，王秀丽，等 . 大规模光伏发电对电力系统影响综述 [J]. 中国电机工程学报，2014, 34 (1): 1 - 14.

[3]　薛禹胜，雷兴，薛峰，等 . 关于风电不确定性对电力系统影响的评述 [J]. 中国电机工程学报，2014, 34 (29): 5029 - 5040.

[4]　康重庆，姚良忠 . 高比例可再生能源电力系统的关键科学问题与理论研究框架 [J]. 电力系统自动化，2017, 41 (9): 2 - 11.

[5]　KARTHIKEYA B R, and SCHÜTT R J. Overview of wind park control strategies [J]. IEEE Transactions on Sustainable Energy, 2014, 5 (2): 416 - 422.

[6]　中国国家标准化管理委员会 . GB/T 19963—2011 风电场接入电力系统技术规定 [S]. 北京：中国标准出版社，2012.

[7]　中国国家标准化管理委员会 . GB/T 19964—2012 光伏发电站接入电力系统技术规定 [S]. 北京：中国标准出版社，2013.

[8]　CHANG - CHIEN L. - R., SUN C. - C., YEH Y. - J. Modeling of wind farm participation in AGC [J]. IEEE Transactions on Power Systems, 2014, 29 (3): 1204 - 1211.

[9]　范冠男 . 考虑调频需求的风电场有功优化控制研究 [D]. 北京：华北电力大学，2016.

[10]　李静坤，姚秀萍，旷瑞明，等 . 新疆风电场有功功率控制策略与实现 [J]. 电力系统自动化，2011, 35 (24): 44 - 46.

[11]　KAWABE K, OTA Y, YOKOYAMA A, et al. Novel dynamic voltage support capability of photovoltaic systems for improvement of short - term voltage stability in power systems [J]. IEEE Transactions on Power Systems, 2017, 32 (3): 1796 - 1804.

［12］ FAZELI M，EKANAYAKE J B，HOLLAND P M，et al. Exploiting PV inverters to support lo-cal voltage—a small – signal model ［J］. IEEE Transactions on Energy Conversion，2014，29 （2）：453 – 462.

［13］ WANDHARE R G，AGARWAL V. Reactive power capacity enhancement of a PV – grid system to increase PV penetration level in smart grid scenario ［J］. IEEE Transactions on Smart Grid，2014，5（4）：1845 – 1854.

［14］ 邓向阳. 光伏建模与并网系统电压稳定性分析 ［D］. 乌鲁木齐：新疆大学，2011.

［15］ 鲍新民，许士光. 光伏电站无功电压控制策略的研究 ［J］. 电器能效与管理技术，2014（3）：32 – 36.

［16］ 葛虎，毕锐，徐志成，等. 大型光伏电站无功电压控制研究 ［J］. 电力系统保护与控制，2014，42（14）：45 – 51.

［17］ 周林，任伟，廖波，等. 并网型光伏电站无功电压控制 ［J］. 电工技术学报，2015，30（20）：168 – 175.

［18］ 周林，邵念彬. 大型光伏电站无功电压控制策略 ［J］. 电力自动化设备，2016，36（4）：116 – 122，128.

［19］ 秦睿，梁福波，智勇，等. 基于逆变器的光伏电站无功电压控制技术研究 ［J］. 电力电子技术，2016，50（3）：45 – 48.

［20］ 李龙，钱敏慧，赵大伟，等. 基于无功功率裕度分配的光伏电站静态无功/电压控制策略 ［J］. 电力建设，2017，38（10）：17 – 23.

［21］ CLARK K，MILLER N W，SANCHEZ – GASCA J J. Modeling of GE wind turbine – genera-tors for grid studies ［R］. version 4.5，2010.

［22］ CLARK K，MILLER N W，WALLING R. Modeling of GE solar photovoltaic plants for grid studies ［R］. 2010.

［23］ WECC Renewable Energy Modeling Task Force. WECC wind power plant dynamic modeling guide ［R］. 2014.

［24］ WECC Renewable Energy Modeling Task Force. Generic solar photovoltaic system dynamic simu-lation model specification ［R］. 2012.

［25］ Wind Turbines – Part 27 – 1：Electrical simulation models— wind turbines ［S］，IEC Standard 61400 – 27 – 1，Ed. 1.0，2015.

［26］ WECC Renewable Energy Modeling Task Force. WECC PV power plant dynamic modeling guide ［R］. 2014.

［27］ BULLICH – MASSAGUÉ E，FERRER – SAN – JOSÉ R，ARAGÜÉS – PEÑALBA M，et al. Power plant control in large – scale photovoltaic plants：design，implementation and validation in a 9.4 MW photovoltaic plant ［J］. IET Renewable Power Generation，2016，10（1）：50 – 62.

［28］ MA J，ZHAO D W，QIAN M H，et al. Modelling and validating photovoltaic power inverter model for power system stability analysis ［J］. The Journal of Engineering，2017，2017（13）：1605 – 1609.

第7章 新能源发电模型参数辨识及验证技术

参数辨识和模型验证用于确定模型及其参数，并验证其正确性。通常，新能源并网设备的开发人员针对设备设计和控制调试而开发电磁暂态仿真模型，并配置合理参数，而新能源发电机电暂态模型关注新能源发电输出特性与实际测试结果的一致性，即新能源发电响应电网电压变化、控制指令变化等，以及模型仿真在并网点输出电流、有功功率和无功功率与实际系统的一致性。

与传统同步发电机和负荷模型不同，新能源发电类型多、并网形式多样、运行特性差异显著，模型参数辨识和拟合的难度大，因此，必须提出能够有效适应新能源特点的参数辨识方法。国际上，IEC 61400-27-2 提出了风电机组模型验证方法，提出了一系列风电机组模型验证测试方法和评价标准。模型验证风电机组低电压穿越期间模型仿真的机组机端电压、电流、有功功率、无功功率与测试结果的一致性。电压作为测试扰动量，模型验证的偏差要求高于电流、有功功率、无功功率。

本章主要介绍模型参数测试思路、测试与验证方法，并结合实际案例介绍新能源发电模型参数辨识及验证的具体过程。

7.1 模型参数测试思路

本书第 3、第 4、第 6 章分别介绍了风电机组建模、光伏发电建模、新能源电站控制系统建模，每个模型都包含大量参数，本节首先分析模型参数属性和模型参数试验数据的来源，从而分析不同属性的参数与试验的对应关系。

7.1.1 参数获取的基本原则

新能源电站的模型参数大致可分为物理参数、运行参数以及控制参数三大类。不同类型的参数有不同的获取方式。

（1）物理参数。物理参数是指涉及一次能源转换为机械能或电能的模型参数，如，风电的空气动力学模型参数、风电的同步/异步发电机模型参数、风轮传动链模型参数、光伏方阵的物理参数等。一般来说，模型中的这类参数可由设备厂家直接提供，实际应用中可能涉及标幺化处理。

（2）运行参数。如低/高电压穿越阈值、故障穿越控制模式、调频/调压模式等。这些参数可通过设备厂家提供的信息或通过实测获取。

（3）控制参数。控制参数是与模型采用的控制策略强相关的参数，可分为非关键参数和关键参数。非关键参数对系统特性影响较小，如获取困难可采用典型值；关键参数对系统特性影响明显，需要通过针对性的试验，利用试验数据和辨识方法获得，通过与仿真的对比进行验证。

7.1.2 数据来源

参数辨识及验证所需要的数据可以有多重来源，如现场的实测数据，实验室针对具体设备的测试数据，利用半实物仿真技术得到的仿真数据等，这些类型的数据各有其优缺点。

7.1.2.1 现场测试数据

对于参数辨识和模型验证而言，现场测试数据是最好的数据来源，可保证参数辨识结果直接用于电网和新能源电站的仿真分析。现场测试数据可分为实际运行过程中的故障录波/PMU 数据、专门开展的人工短路试验数据、针对发电单元级的移动测试数据等。针对新能源场站级的测试，不同于常规机组，需考虑新能源电站的运行状态，且需针对新能源电站内的各发电单元、馈线、无功功率补偿装置、电站并网点同步进行测试录播，以保证数据的有效性和合理性。针对发电单元的大型移动装备测试，除需考虑新能源发电单元的现场运行状态外，要借助于大型移动检测设备，在现场搭建新能源发电单元的低电压穿越测试环境。由此可见，在新能源电站开展现场测试具有以下难点：

（1）现场测试工况有限。

（2）现场测试费用高。

（3）测试设备难以保证同步测量。

（4）新能源场站接入的电网可能不允许大扰动测试。

如上所述，新能源电站的现场试验难度较大，适合于电站等值模型参数校核；而新能源电站的模型参数辨识需大量工况和试验数据，现场试验不适用于参数辨识。新能源场站现场测试如图 7-1 所示。

(a) 人工短路试验　　　　　　　　　　(b) 大型移动检测设备试验

图 7-1　新能源场站现场测试

7.1.2.2　实验室测试数据

新能源发电参数辨识的实验室测试仅能完成新能源发电单元测试，但相比于现场测试，在实验室搭建可模拟电网多种运行工况和扰动的测试系统，新能源发电单元的测试工况也可根据需要进行合理调整。

电网运行工况可通过在被测新能源发电单元和实际电站中接入模拟电网装置，包括模拟电网强弱的串联阻抗、模拟电网电压频率波动的背靠背变流器、模拟电网故障的接地阻抗等。新能源发电单元实验室测试如图 7-2 所示。

（a）风电机组测试

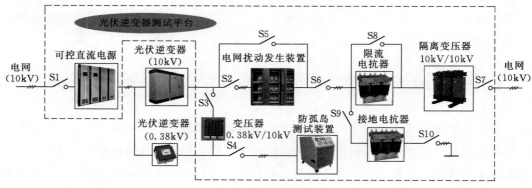

（b）光伏逆变器测试

图 7-2　新能源发电单元实验室测试

7.1.2.3　半实物测试

数字实时仿真系统常用于开发电力电子装备，也可用于开展模型验证。为保证模型验证的有效性，在仿真软件中搭建与新能源并网设备一致的主电路模型，实时与新能源并网设备的控制器通信，实现硬件在环仿真，开展参数辨识及模型验证试验。

硬件在环仿真，即半实物仿真，可针对新能源场站、新能源发电单元开展测试。在对新能源场站开展测试时，可建立新能源场站内所有发电单元的半实物仿真模型和电网模型，开展测试；在对新能源发电单元开展测试时，可建立单个新能源发电单元的半实物仿真模型和电网模型，开展测试。与现场测试和实验室测试相比，半实物测试的硬件环境要求较低，可模拟任何电网、新能源发电的运行工况；而测试数据的可靠性略低，无法测试设备的主电路性能及相关参数。基于 RT-LAB 新能源发电半实物测试如图 7-3 所示。

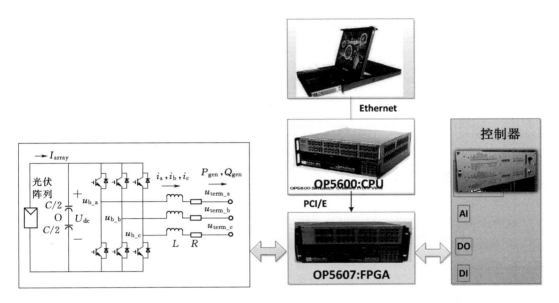

图 7-3 基于 RT-LAB 新能源发电半实物测试

7.1.3 试验的设计

新能源发电的机电暂态模型相对于实际系统进行了大量简化，在设计试验过程中，需充分考虑每个模块所关联的并网性能，除保护定值外，其他参数都不是单一影响并网特性的。因此，需有针对性地开展测试。

（1）响应特性测试。主要测试新能源电站控制系统/风电机组/光伏逆变器的响应延迟时间、调节系数、死区、调节上下限等指标。

（2）系统侧小扰动测试。主要测试并网模型的闭环控制参数（各环节的 PI 参数）。

（3）系统侧故障测试。主要测试风电机组/光伏逆变器的低电压穿越控制模式及参数，包括故障清除后的风电机组/光伏逆变器低电压穿越恢复控制模式及参数。

（4）MPPT 特性测试。该项测试只能针对光伏逆变器开展，测试逆变器的最大功率跟踪特性。

综上，新能源发电模型参数测试内容包括 MPPT 特性试验、交流侧小扰动试验、交流侧大扰动试验、有功功率控制试验、频率响应试验、无功功率控制试验、功率因数控制试验、电压控制试验等，见表 7-1。

表 7 - 1　　　　　　　　　　　　　　**参数测试试验项目设计**

测 试 内 容	测 试 对 象	
	风电机组/光伏发电单元	场站级控制系统
MPPT 特性试验（仅光伏）	√	
交流侧小扰动试验	√	
交流侧大扰动试验	√	
有功功率控制试验	√	√
频率响应试验		√
无功功率控制试验	√	√
功率因数控制试验		√
电压控制试验		√

7.2　试验和辨识方法

模型参数测试包括新能源发电单元模型参数测试和新能源电站控制系统模型参数测试。新能源发电单元模型参数测试可在实验室或现场开展；场站控制系统模型参数测试可在现场开展，也可采用半实物仿真。测试内容及对象见表 7 - 2。

表 7 - 2　　　　　　　　　　　　　　**测 试 内 容 及 对 象**

测 试 地 点	测 试 对 象	
	风电机组/光伏发电单元	场站级控制系统
实验室测试	√	
现场测试	√	√
半实物测试	√	√

7.2.1　试验系统

在实验室开展测试，测试环境需尽可能地模拟新能源发电单元的真实工作环境，能模拟电网中可能出现的各类事件，可模拟新能源发电单元一次能源的各类情况，并能准确、有效地采集新能源发电单元的测试数据。

在现场开展测试，新能源发电单元和电站的源侧为真实环境，若采用大型移动测试装置，装置隔离了新能源发电单元与实际电网的连接，需尽可能地模拟新能源发电单元的真实工作环境，能模拟电网中可能出现的各类事件。若测试电站控制系统模型参数，则需要尽可能模拟电站接收调度指令的工作环境，并准确、有效地记录指令及测试数据。

1. 新能源发电单元模型参数测试系统

新能源发电单元模型参数测试系统连接如图 7 - 4 所示。测试系统至少应包含电网扰动发生装置、数据采集装置、信号模拟装置等，逆变器直流侧连接光伏阵列（或可控直流电源），交流侧通过变压器与电网扰动发生装置连接；光伏逆变器测试需包括光伏阵列（或可控直流电源）。其中，电网扰动发生装置模拟新能源发电单元并网运行环境和电网中的各类扰动事件，即在测试过程新能源发电单元的响应不能影响模拟电网扰动发生装置的大幅波动；信号模拟装置模拟新能源电站控制系统下发指令，可模拟各类型指令曲线。

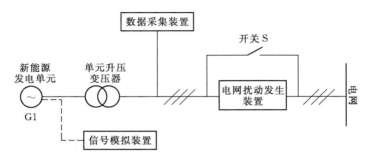

图 7-4　新能源发电单元模型参数测试系统连接示意图

其中，电网扰动发生装置应满足：①三相短路容量为被测发电单元额定功率 3 倍以上；②电压调节范围在发电单元额定电压的 0～1.3 倍之间连续可调；③能模拟 10kV 或 35kV 三相对称和两相不对称电网短路故障引起的电压跌落；④电压跌落/上调时间与恢复时间均小于 20ms。

信号模拟装置应满足：①能够以数字或模拟信号的方式模拟新能源发电单元/电站的各类型控制指令曲线；②数字信号间隔小于 50ms；③模拟信号直流电平调节范围为 0～12V；④模拟阶跃信号完成时间不大于 50ms。

2. 电站控制系统模型参数测试系统

电站控制系统模型参数测试系统应包含数据采集装置、信号模拟装置等，测试连接方式如图 7-5 所示。数据采集装置应能采集并网点三相电压、电流、功率等电气量，同步记录场站级控制系统的控制指令和频率扰动信号。信号模拟装置技术要求同前。

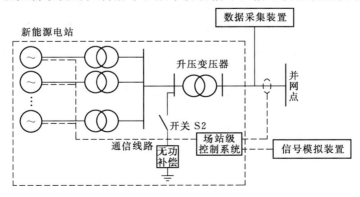

图 7-5　新能源电站控制系统模型参数测试连接示意图

7.2.2　试验方法

新能源发电模型参数试验需体现新能源发电实际并网运行中的各类事件，同时各试验最好是独立引发单一控制模块动作，从而保证可通过一个试验项目辨识模型中一个模块的参数。相对于光伏发电单元，风电机组的单体容量大，电气控制及机械控制相互协调，难以针对单一模块设计试验方法进行辨识。比如，风电机组的有功功率控制需变桨控制和变流器有功控制协调配合，因此，开展有功功率控制试验时需同时辨识两个模块的参数，其参数辨识的难度大于光伏发电模型参数辨识。

1. 光伏 MPPT 特性试验

光伏 MPPT 特性试验应在光照充足的条件下/使用可控直流电源开展，保证逆变器最大可输出有功功率 $P \geqslant 0.7P_N$。具体步骤如下：

（1）设置逆变器初始工作状态为有功功率控制模式，有功功率控制指令 $P_{ord} = 0.7\text{p. u.}$，稳定后 2s，重新设置逆变器的控制方式为最大功率点跟踪方式。

（2）利用数据采集装置记录整个试验过程中的电压、电流瞬时值。

（3）重复步骤（1）和步骤（2），$P_{ord} = 0.2\text{p. u.}$。

2. 交流侧小扰动试验

交流侧小扰动试验应在一定风速/光照充足的条件下开展，保证新能源发电单元最大可输出有功功率 $P \geqslant 0.7P_N$。具体步骤如下：

（1）保持新能源发电单元正常运行，且输出有功功率 $P \geqslant 0.7P_N$（P_N 为新能源发电单元额定功率），无功功率 $Q_C \leqslant 0.1Q_{max}$ 且 $Q_L \leqslant 0.1Q_{max}$（Q_C 为新能源发电单元输出容性无功功率，Q_L 为新能源发电单元输出感性无功功率，Q_{max} 为新能源发电单元最大输出无功功率）。

（2）打开开关 S，设置新能源发电单元高压侧电压为 $0.98 \sim 1.02\text{p. u.}$，调节新能源发电单元高压侧电压跌落至 $0.90 \sim 0.93\text{p. u.}$，至新能源发电单元稳定运行后 2s，恢复新能源发电单元高压侧电压至扰动前电压值，至新能源发电单元稳定运行后 2s。

（3）利用数据采集装置记录整个试验过程中的电压、电流瞬时值。

（4）保持新能源发电单元正常运行，重复步骤（2）和步骤（3），使得扰动期间新能源发电单元高压侧电压范围分别为 $0.95 \sim 0.98\text{p. u.}$，$1.02 \sim 1.05\ \text{p. u.}$，$1.07 \sim 1.10\ \text{p. u.}$。

（5）保持新能源发电单元正常运行，且输出有功功率 $P \geqslant 0.7P_N$，容性无功功率 $Q_C \geqslant 0.5Q_{max}$，重复步骤（2）～（4）。

（6）保持新能源发电单元正常运行，且输出有功功率 $P \geqslant 0.7P_N$，感性无功功率 $Q_L \geqslant 0.5Q_{max}$，重复步骤（2）～（4）。

（7）保持新能源发电单元正常运行，且输出有功功率范围分别是 $0.5P_N \leqslant P < 0.7P_N$ 和 $0.1P_N \leqslant P \leqslant 0.3P_N$，重复步骤（2）～（6）。

3. 交流侧大扰动试验

交流侧大扰动试验应在一定风速/光照充足的条件下开展，保证新能源发电单元最大可输出有功功率 $P \geqslant 0.7P_N$。具体步骤如下：

（1）保持新能源发电单元正常运行，且输出有功功率 $P \geqslant 0.7P_N$，无功功率 $Q_C \leqslant 0.1Q_{max}$ 且 $Q_L \leqslant 0.1Q_{max}$。

（2）打开开关 S，设置新能源发电单元高压侧电压为 $0.98 \sim 1.02$p.u.，调节新能源发电单元高压侧电压跌落至 $0 \sim 0.10$p.u.，持续 0.15s，恢复逆变器交流侧电压至扰动前电压值，至新能源发电单元稳定运行后 2s。

（3）利用数据采集装置记录整个试验过程中的电压、电流瞬时值。

（4）保持新能源发电单元正常运行，重复步骤（2）～（3），使得扰动期间新能源发电单元高压侧电压范围分别为 $0.20 \sim 0.30$p.u.，$0.50 \sim 0.60$ p.u.，$0.80 \sim 0.90$ p.u.，$1.10 \sim 1.20$p.u. 和 $1.20 \sim 1.30$p.u.，持续时间分别为 0.625s，1.2s，1.8s，10s 和 0.5s。

（5）保持新能源发电单元正常运行，且输出有功功率 $P \geqslant 0.7P_N$，容性无功功率 $Q_C \geqslant 0.5Q_{max}$，重复步骤（2）～（4）。

（6）保持新能源发电单元正常运行，且输出有功功率 $P \geqslant 0.7P_N$，感性无功功率 $Q_L \geqslant 0.5Q_{max}$，重复步骤（2）～（4）。

（7）保持新能源发电单元正常运行，且输出有功功率范围分别是 $0.5P_N \leqslant P < 0.7P_N$ 和 $0.1P_N \leqslant P \leqslant 0.3P_N$，重复步骤（2）～（6）。

4. 有功功率控制试验

有功功率控制试验应在一定风速/光照充足的条件下开展，保证新能源发电单元/新能源电站最大可输出有功功率 $P \geqslant 0.9P_N$。具体步骤如下：

（1）闭合开关 S，设定新能源发电单元/新能源电站的功率因数在 ± 0.98 范围内。

（2）按照图 7-6 的设定曲线控制新能源发电单元/新能源电站的有功功率参考值。

（3）利用数据采集装置同步记录整个试验过程中的控制指令、电压、电流、有功功率、无功功率。

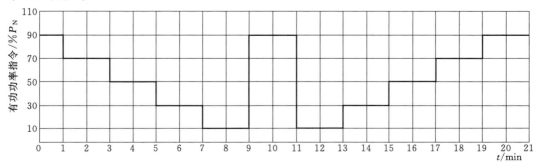

图 7-6 有功功率控制曲线

5. 频率响应试验

频率响应试验应在一定风速/光照充足的条件下开展，保证新能源电站最大可输出有功功率 $P \geqslant 0.7P_N$。

（1）设定光伏电站有功功率 $P = 0.5P_N$，功率因数在 ± 0.98 范围内。

（2）按照图 7-7 的设定曲线控制新能源电站频率参考值。

（3）利用数据采集装置同步记录整个试验过程中的控制指令、电压、电流、有功功率、无功功率。

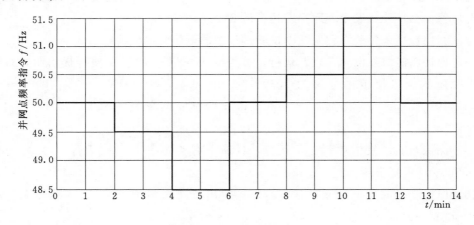

图 7-7　频率设定曲线

6. 无功控制试验

无功控制试验应在一定风速/光照充足的条件下开展，保证新能源发电单元/新能源电站最大可输出有功功率 $P \geqslant 0.5P_N$。

（1）闭合开关 S，设定新能源发电单元/新能源电站输出有功功率 $0.5P_N$。

（2）按照图 7-8 的设定曲线控制无功功率参考值。

（3）利用数据采集装置同步记录整个试验过程中的控制指令、电压、电流、有功功率、无功功率。

（4）重复步骤（1）～步骤（3），分别设定新能源发电单元/新能源电站输出有功功率 $0.2P_N$ 和 $0.7P_N$。

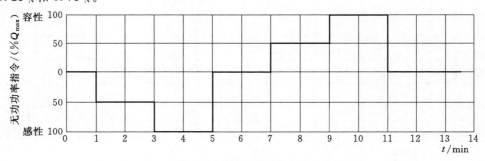

图 7-8　无功功率控制曲线

7. 功率因数控制试验

功率因数控制试验应在一定风速/光照充足的条件下开展，保证新能源电站最大可输出有功功率 $P \geqslant 0.5P_N$。

（1）设定新能源电站有功功率 $0.5P_N$。

（2）按照图 7-9 的设定曲线控制新能源电站功率因数参考值。

（3）利用数据采集装置同步记录整个试验过程中的控制指令、电压、电流、有功功率、无功功率。

（4）重复步骤（1）～（3），分别设定新能源电站有功功率 $0.2P_N$ 和 $0.7P_N$。

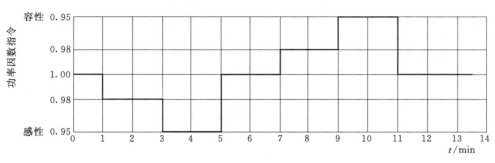

图 7-9 功率因数控制曲线

8. 电压控制试验

电压控制试验应在一定风速/光照充足的条件下开展，保证新能源电站最大可输出有功功率 $P \geqslant 0.5P_N$。

（1）设定新能源电站有功功率 $0.5P_N$。

（2）按照图 7-10 的设定曲线控制新能源电站电压参考值。

（3）利用数据采集装置同步记录整个试验过程中的控制指令、电压、电流、有功功率、无功功率。

（4）重复步骤（1）～（3），分别设定新能源电站有功功率 $0.2P_N$ 和 $0.7P_N$。

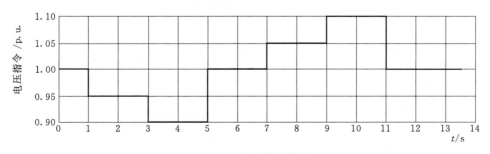

图 7-10 电压控制曲线

7.2.3 参数辨识方法

不同的扰动响应所关联的关键参数不同，结合这种思路，新能源模型参数辨识采用

分类型、分段辨识，且参数辨识与模型验证过程需反复校核，直至一组参数可满足所有
测试工况的模型验证。以光伏逆变器为例说明模型参数辨识流程，如图 7-11 所示。

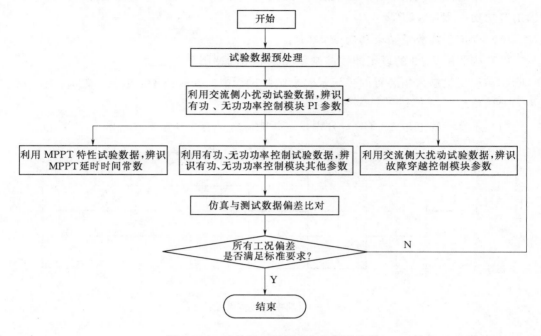

图 7-11 光伏逆变器模型参数辨识流程

首先，测试数据处理，提取试验数据的电压、电流基波正序分量和有功电流分量、
无功电流分量、有功功率和无功功率；数据处理为标幺值，且采用与仿真相同的时标和
分辨率。其次，针对各模块开展参数辨识，并在各模块参数辨识结束后计算仿真与测试
数据的偏差，若偏差满足模型验证标准，则结束辨识，否则重新开始辨识。

需要强调的是，参数辨识流程和模型验证流程具有一定的相关性，一组试验数据辨
识参数的结果只能满足单一工况的模型验证，需采用多试验工况迭代的参数辨识方法，
不断调整参数使得一组参数满足全部试验工况的模型验证技术要求。

7.3 模型验证

7.3.1 模型验证流程

模型验证流程如图 7-12 所示，包含 4 个部分。首先，分析新能源电站暂态特性的
主要影响因素，设计试验场景；其次，在现场或实验室开展测试，记录试验数据，三相
瞬时数据采样率不小于 1kHz；第三，试验数据预处理，提取各电气量的基波正序分
量，数据预处理结果与仿真步长保持一致，1~10ms；最后，模型仿真及评价，设置与
试验相同的场景，并根据仿真与试验数据的误差调整模型参数，直至误差计算满足模型

评价标准。参数调整过程和参数辨识过程有交叉，因此主要论述模型验证的评价指标，由于新能源电站自身特性，针对不同类型试验的模型评价方法不同，即便是一个试验过程，也需要针对动态过程划分区段分别提出偏差允许范围。

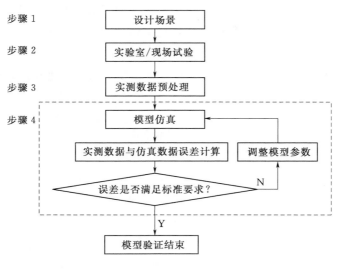

图 7 - 12　模型验证流程

7.3.2　风电模型验证

结合《Wind energy generation systems - Part 27 - 2：Electrical simulation models - Model validation》（IEC 61400 - 27 - 2），介绍风电机组/风电场的模型验证技术。

1. 标准概述

IEC 61400 - 27 - 2 是对 IEC 61400 - 27 - 1 的补充完善，主要目标是给出风电模型准确性的验证方法，该标准推荐用于风电模型验证的数据包括基于 IEC 61400 - 21 的风电机组测试数据、风电场的故障录波和运行数据，模型验证所需要的试验数据类型见表7 - 3。

表 7 - 3　　　　　　　　　　模型验证所需要的试验数据类型

试验数据类型	验 证 对 象	
	风电机组	风电场
电压跌落	√	√
有功功率指令阶跃	√	√
频率指令阶跃		√
无功功率指令阶跃	√	√
功率因数指令阶跃		√
电压指令阶跃	√	√
过欠压保护	√	
过欠频保护	√	

　　风电机组模型验证的电气量为风电机组箱变的低压侧或高压侧的电压、电流、功率，风电场模型验证需保证测量点与仿真数据获取点保持一致。测试数据需处理为电气量标幺值的基波正序分量。

　　风电机组和风电场的模型验证方法可采用混合数据仿真方法（play - back 方法）和全电网仿真方法，混合数据仿真方法是将扰动量的测试数据注入仿真模型，并确定测试结果，如图 7-13 所示；全电网仿真方法是建立测试环境的电网模型，模拟测试过程中的扰动事件，如图 7-14 所示。风电场的电压跌落实测数据较难获取，模型验证可采用详细模型验证等值模型。

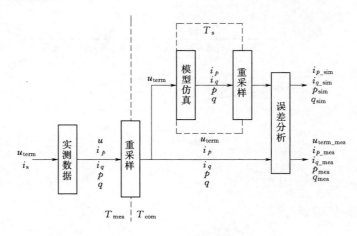

图 7-13　混合数据仿真方法

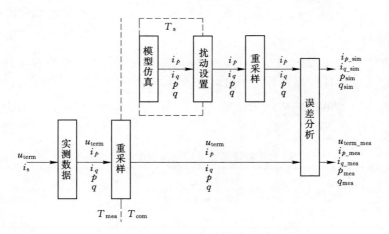

图 7-14　全电网仿真方法

2. 电压跌落模型验证

　　风电机组在交流侧电压跌落前后是两个运行状态。跌落前，风电机组为稳态运行，以发电为主；跌落过程中，风电机组为暂态运行，需满足低电压穿越技术要求，支撑电网电压；电压恢复后，风电机组运行在低电压穿越转换为稳态运行的过渡状态。因此，在电压跌落模型验证中，以测试电压为依据，将电压跌落模型验证划分为 3 个时段，如图 7-15 所示。图中，W_{pre} 为故障前时段，从 t_{begin} 开始，时长 1000ms；W_{fault} 为故障时段，从 t_{fault} 开始，时长 $t_{clear} - t_{fault}$；W_{post} 为故障恢复时段，从 t_{clear} 开始，时长 5000ms。

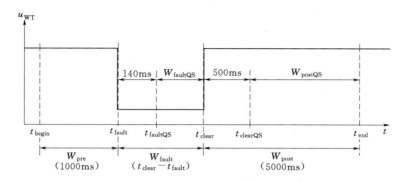

图 7-15　电压跌落时段划分

在不同的时段需计算仿真与实测的对比偏差，见表 7-4。

表 7-4　　　　　　　　　　　　电压跌落偏差计算要求

偏差	x_{MXE}	x_{ME}	x_{MAE}
故障前	W_{pre}	W_{pre}	W_{pre}
故障	$W_{faultQS}$①	W_{fault}	$W_{faultQS}$
故障恢复	W_{postQS}	W_{post}	W_{post}

① 对于 $W_{fault}<280ms$ 且 $W_{faultQS}<140ms$ 的工况，不需要计算故障时段的 x_{MXE}。

在表 7-4 中，x_{MXE} 为最大偏差，即

$$x_{MXE} = \max(|x_E(1)|, |x_E(2)|, \cdots, |x_E(N)|) \tag{7-1}$$

x_{ME} 为平均偏差，即

$$x_{ME} = \frac{\sum\limits_{n=1}^{N} x_E(n)}{N} \tag{7-2}$$

x_{MAE} 为绝对平均偏差，即

$$x_{MAE} = \frac{\sum\limits_{n=1}^{N} |x_E(n)|}{N} \tag{7-3}$$

式（7-1）～式（7-3）中，$x_E(n)=x_{sim}(n)-x_{mea}(n)$ 为 n 时刻仿真值 $x_{sim}(n)$ 与测试值 $x_{mea}(n)$ 的偏差，n 取值 1～N。

电压跌落模型验证的电气量包括电压、有功电流、无功电流、有功功率和无功功率的基波正序分量。

3. 指令阶跃模型验证

控制指令阶跃响应的模型验证主要对比响应曲线的几个主要指标，如图 7-16 所示。仿真与试验设置同样的控制指令信号，对比风电机组或风电场的响应结果，包括启

动时间、上升时间、响应时间、调节时间和超调量。

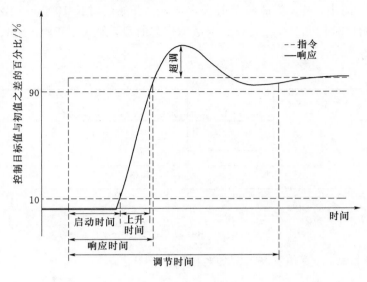

图 7-16　阶跃响应特性

图 7-16 中，启动时间为指令阶跃开始到被观测变量第一次达到控制目标值与初值之差的 10% 所需的时间。上升时间为从被观测变量第一次达到控制目标值与初值之差的 10%～90% 的时间。响应时间为指令阶跃开始到被观测变量第一次达到控制目标值所需的时间。调节时间为自启动时间起，直到被观测变量输出量第一次达到并保持在控制目标值的运行误差范围内所需的最短时间。超调量为控制响应最大值与控制目标值的差值。

风电机组和风电场的有功功率指令阶跃模型验证的电气量为有功功率基波正序分量；无功功率指令阶跃模型验证的电气量为无功功率基波正序分量；电压指令阶跃模型验证的电气量为电压和无功功率基波正序分量。风电场的频率指令阶跃模型验证的电气量为电压和有功功率基波正序分量；风电场的功率因数指令阶跃模型验证的电气量为无功功率基波正序分量。

该标准未给出模型验证的偏差允许范围和阶跃响应指标偏差，各 TSO 自行设定。

7.3.3　光伏模型验证

结合《光伏发电系统模型及参数测试规程》（GB/T 32892—2016），介绍光伏发电单元/光伏逆变器和光伏电站的模型验证技术要求。

1. 标准概述

GB/T 32892—2016 与 GB/T 32826—2016 的配套标准，针对 GB/T 32826—2016 给出的光伏电站模型结构，提出参数测试及模型验证方法，标准推荐光伏逆变器在现场或实验室开展测试，模型测试类型见表 7-5。

表 7-5	模 型 验 证 方 案		
测 试 内 容	测 试 对 象		
	逆变器	光伏发电单元	场站级控制系统
MPPT 特性试验	√	√	
交流侧大扰动试验	√	√	
有功功率控制试验	√	√	√
频率响应试验			√
无功功率控制试验	√	√	√
功率因数控制试验			√
电压控制试验			√

光伏逆变器和光伏电站模型验证的电气量包括电压、电流、有功电流分量、无功电流分量、有功功率和无功功率。光伏发电模型验证对试验数据和仿真数据进行区段划分，在不同区段设置不同的模型验证判断指标。

GB/T 32892—2016 提出，模型验证前首先要确定试验系统的仿真模型与实际试验系统的一致性，在机电暂态仿真软件中建立基于单机无穷大电网的仿真系统，校核并调整无穷大电网参数，包括电压、等效阻抗等。

2. 仿真数据与测试数据区段划分

与 IEC 61400-27-2 类似，GB/T 32892—2016 将试验过程进行分段，在每个时段分别计算不同的偏差。

以扰动发生时刻为参考点进行数据处理，模型验证仿真数据与模型验证试验数据的时间序列应同步。

（1）交流侧大扰动试验时段划分。交流侧大扰动试验的模型验证时间段为：扰动发生前 2s 到扰动消除后有功功率恢复到稳定运行后 2s，以测试电压数据为依据，将测试与仿真的数据序列分为 3 个时段。

1）A 时段。A 时段为电压跌落前的稳态区间。电压跌落前 2s 为 A 时段开始，电压跌落至 0.9p.u. 时刻的前 20ms 为 A 时段结束。

2）B 时段。B 时段为电压跌落过程，分为 B_1 暂态区间和 B_2 稳态区间。A 时段结束为 B 时段开始，扰动清除开始时刻的前 20ms 为 B 时段结束。

3）C 时段。C 时段为扰动清除后，分为 C_1 暂态区间和 C_2 稳态区间。B 时段结束为 C 时段开始，光伏发电单元/光伏电站有功功率开始稳定输出后的 2s 为 C 时段结束。

各时段针对电流、有功电流、无功电流、有功功率和无功功率测试数据在电压跌落过程中的特性，分为暂态区间和稳态区间，如图 7-17 所示，其中，下标 u、p、q 用来区分电区、有功功率、无功功率的暂态区间和稳态区间。

其中，B、C 时段暂态和稳态区间判定的原则为根据电流、有功功率和无功功率的响应特性来区分。暂态区间为电压瞬时大幅波动引起的电流、有功功率和无功功率的波

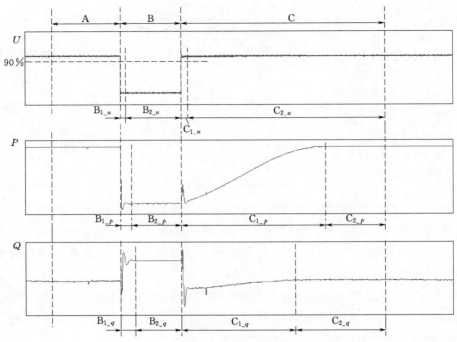

图 7-17　扰动过程区段划分

动区间。稳态区间为正常运行和电压波动后稳定运行的区间。暂态开始时刻即为上一稳态结束时刻，暂态结束时刻即为下一稳态开始时刻。对电压波动引起的暂态区间，功率和电流的波动进入该时段平均值的±10％范围或±0.005p. u. 内的后 20ms 为暂态过程的结束。

（2）控制指令类试验和频率响应试验时段划分。控制指令类试验和频率响应试验的模型验证时间段为：控制指令下达前 2s 到功率达到稳定运行后 10s，区段划分如下：

1）A 时段。A 时段为稳态区间，控制指令阶跃前 2s 为 A 时段开始，控制指令阶跃开始时刻为 A 时段结束。

2）B 时段。B 时段为响应指令过程，分为 B_1 暂态过程和 B_2 稳态过程。A 时段结束为 B 时段开始，控制指令变化后，逆变器/光伏发电单元/光伏电站的有功、无功功率开始稳定输出后的 10s 为 B 时段结束。

各时段针对有功、无功功率测试数据在控制过程中的特性，分为暂态区间和稳态区间，如图 7-18 所示。其中 B 时段暂态和稳态区间的判定原则为根据电流、有功功率和无功功率的响应特性来区分。

3. 偏差计算

通过计算模型仿真数据与试验数据之间的偏差，考核模型的准确程度。所需计算偏差的电气量包括电压、电流、有功电流、无功电流、有功功率，无功功率。数据区段划分后，应分别计算每个时段暂态和稳态区间的偏差；各时段暂态区间仅计算平均偏差，

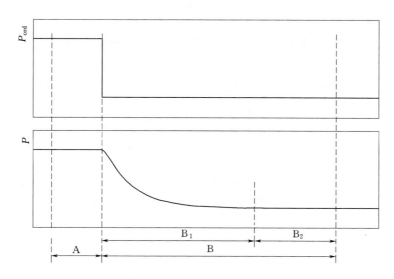

图 7-18 控制过程区间划分

稳态区间分别计算平均偏差和最大偏差；计算模型仿真与试验数据的加权平均总偏差。平均偏差与最大偏差计算方法如下：

稳态区间的平均偏差 F_1，即模型仿真与试验数据在稳态区间内偏差的算术平均值为

$$F_1 = \left| \frac{1}{K_{S\_End} - K_{S\_Start} + 1} \sum_{i=K_{S\_Start}}^{K_{S\_End}} X_S(i) - \frac{1}{K_{M\_End} - K_{M\_Start} + 1} \sum_{i=K_{M\_Start}}^{K_{M\_End}} X_M(i) \right|$$

$$(7-4)$$

暂态区间的平均偏差 F_2，即模型仿真与试验数据在暂态区间内偏差的算术平均值为

$$F_2 = \left| \frac{1}{K_{S\_End} - K_{S\_Start} + 1} \sum_{i=K_{S\_Start}}^{K_{S\_End}} X_S(i) - \frac{1}{K_{M\_End} - K_{M\_Start} + 1} \sum_{i=K_{M\_Start}}^{K_{M\_End}} X_M(i) \right|$$

$$(7-5)$$

稳态区间的最大偏差 F_3，即模型仿真与试验数据在稳态区间的偏差的最大值为

$$F_3 = \max_{i=K_{M\_Start} \cdots K_{M\_End}} (|X_S(i) - X_M(i)|) \qquad (7-6)$$

式中　　　　X_S——待考核电气量的模型仿真数据标幺值；

　　　　　　X_M——待考核电气量的试验数据的标幺值；

K_{S_Start}，K_{S_End}——计算误差区间内模型仿真数据的第一个和最后一个序号；

K_{M_Start}，K_{M_End}——计算误差区间内试验数据的第一个和最后一个序号。

将各时段的平均偏差进行加权平均计算。网侧扰动试验各时段权值：A 时段（扰动前）为 10%；B 时段（扰动期间）为 60%；C 时段（扰动后）为 30%。控制指令试验各时段权值：A 时段（指令阶跃前）为 30%；B 时段（指令阶跃后）为 70%。

4. 评价指标

网侧扰动模型验证，偏差计算结果应满足：①所有工况的电压、电流、无功电流、

有功功率和无功功率的各项偏差应不大于表7-6中的允许最大偏差值；②对于两相不对称扰动工况下的模型仿真验证，基波正序分量的允许最大偏差值为表7-6数值的1.5倍。

控制指令类试验和频率响应试验的模型验证，偏差计算结果应满足：①有功控制试验和频率响应试验中，有功功率、有功电流和电流的各项偏差应不大于表7-6中的允许最大偏差值；②无功控制试验和电压控制试验中，无功功率、无功电流和电流的各项偏差应不大于表7-6中的允许最大偏差值；③功率因数控制试验中，有功功率、无功功率、有功电流、无功电流和电流各项偏差应不大于表7-6中的允许最大偏差值。

表7-6   允许最大偏差值

电气参数	F_{1max}	F_{2max}	F_{3max}	F_{Gmax}
电压偏差 $\Delta U_s/U_n$	0.02	0.05	0.05	0.05
电流 $\Delta I/I_n$	0.10	0.20	0.15	0.15
有功电流 $\Delta I_p/I_n$	0.10	0.20	0.15	0.15
无功电流 $\Delta I_q/I_n$	0.10	0.20	0.15	0.15
有功功率 $\Delta P/P_n$	0.10	0.20	0.15	0.15
无功功率 $\Delta Q/P_n$	0.10	0.20	0.15	0.15

注　F_{1max}为稳态区间允许平均偏差值，F_{2max}为暂态区间允许平均偏差值，F_{3max}为稳态区间允许最大偏差值，F_{Gmax}为所有区间加权平均允许总偏差值。

7.4　模型验证案例

本节给出几个模型验证案例，包括基于实验室数据的光伏逆变器模型验证、基于现场测试的风电机组模型验证、基于现场测试的光伏电站控制系统模型验证和电站等值模型验证。

7.4.1　光伏逆变器模型验证

利用实验室测试平台测试辨识某型号光伏逆变器模型参数，额定容量500kW，机端电压0.315kV。测试光伏逆变器的机电暂态模型参数，测试工况数十种，包含网侧电压小扰动、网侧电压大扰动、高电压穿越、辐照度扰动、有功功率控制、无功功率控制和功率因数控制。这里给出2个模型验证结果，第一个是逆变器机端电压跌落至0.05p.u.的网侧电压大扰动测试，由于逆变器输出无功电流，使逆变器机端电压抬升至0.107p.u.，模型验证曲线如图7-19所示，偏差计算结果见表7-7；第二个是逆变器的有功功率控制，模型验证曲线如图7-20所示，全仿真过程各电气量的绝对偏差最大值小于1%。

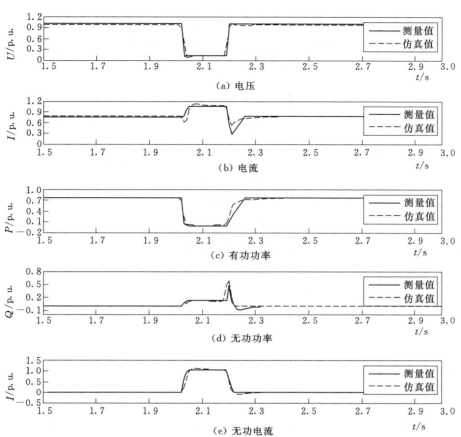

图 7-19 光伏逆变器网侧电压大扰动模型验证曲线

表 7-7　　　　　　　光伏逆变器网侧电压大扰动模型验证偏差计算　　　　　　单位：p.u.

区间	偏差类型	电压	电流	有功功率	无功功率	无功电流
A	最大偏差	0.00092	0.00074	0.00030	0.00036	0.00037
A	平均偏差	0.0008	0.0006	0	0	0
B_1（暂态）	平均偏差	0.02146	0.00087	0.00879	0.00961	0.04131
B_2（稳态）	最大偏差	0.00106	0.04439	0.00872	0.00593	0.04396
B_2（稳态）	平均偏差	0.0008	0.00297	0.00872	0.0001	0.00198
C_1（暂态）	平均偏差	0.03949	0.08918	0.10089	0.00199	0.00865
C_2（稳态）	最大偏差	0.02497	0.11905	0.13088	0.00142	0.00153
C_2（稳态）	平均偏差	0.00549	0.00171	0.00237	0.00072	0.00076
整体	加权偏差	0.00734	0.00197	0.00586	0.00295	0.01277

　　从模型验证结果看，如图 7-19 所示，电网电压跌落和恢复的瞬间，模型仿真输出电流与实测略有差别，造成这种差别的主要原因如下：

　　（1）机电暂态仿真的电压变化在瞬间完成，而电网实测的电压跌落有一定的延时。

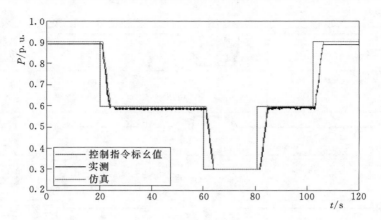

图 7 - 20　光伏逆变器有功功率控制模型验证曲线

（2）光伏逆变器 PLL 锁相速度与准确性，尤其是电网电压跌落近似为 0。

（3）光伏逆变器的机电暂态模型忽略其内环控制过程，在大扰动过程中，设计设备的内环 PI 控制速度仍然有差异。

7.4.2　风电机组模型验证

给出西班牙某风电场双馈风电机组模型参数测试及验证结果，风电机组模型采用 IEC 61400 - 27 - 1 3B 型，利用 IEC 61400 - 27 - 2 中的方法和流程进行模型验证。图7 - 21 为风电机组满功率运行，机端电压跌落至 0.25p.u. 持续 625ms 的有功电流和无功电流对比曲线及偏差结果；图 7 - 22 为风电机组满功率运行，机端电压跌落至 0.5p.u. 持续 920ms 的有功电流和无功电流对比曲线及偏差结果。

7.4.3　光伏电站控制系统模型验证

光伏电站额定装机容量 20MW，并网点额定电压 35kV，光伏电站结构如图 7 - 23 所示。模型验证利用了基于控制信号的电站实测数据。

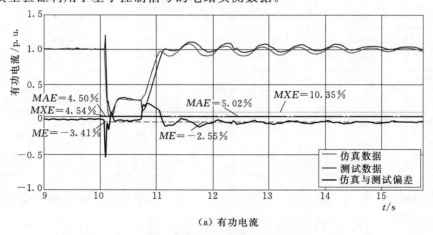

（a）有功电流

图 7 - 21 （一）　风电机组低电压穿越模型验证曲线 （0.25p.u.）

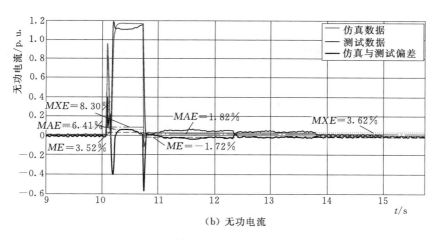

（b）无功电流

图 7 - 21（二） 风电机组低电压穿越模型验证曲线（0.25p. u.）

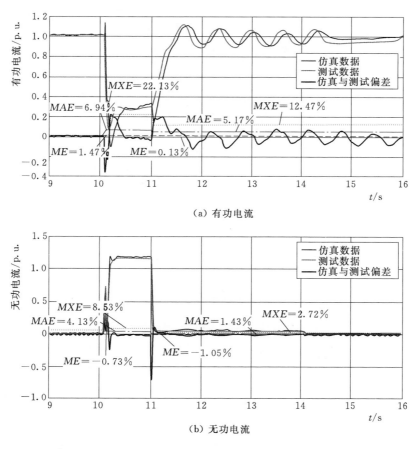

（a）有功电流

（b）无功电流

图 7 - 22 风电机组低电压穿越模型验证曲线（0.5p. u.）

图 7 - 24 为光伏电站有功功率控制模型验证曲线，试验期间保持无功功率为 0Mvar，通过给电站控制系统下发阶跃变化的有功功率控制指令，获取电站的有功功率实测数据。有功功率控制模型验证偏差计算结果见表 7 - 8。

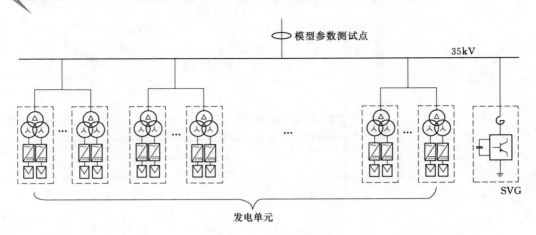

图 7 - 23　光伏电站结构图

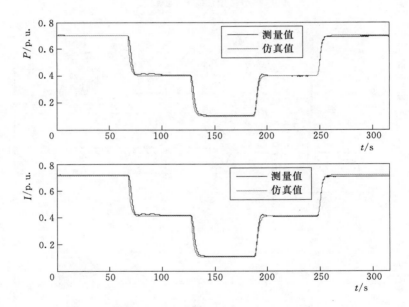

图 7 - 24　光伏电站有功功率控制模型验证曲线 ($Q_0 = 0$Mvar)

表 7 - 8 　　　　　　　　　光伏电站有功功率控制模型验证偏差计算结果　　　　　　　单位：p. u.

区间	偏差类型	有功功率控制指令阶跃			
		0.7→0.4	0.4→0.1	0.1→0.4	0.4→0.7
A（稳态）	最大偏差	0.002	0.006	0.004	0.003
	平均偏差	0.002	0.006	0.003	0.003
B_1（暂态）	平均偏差	0.068	0.049	0.019	0.002
B_2（稳态）	最大偏差	0.029	0.012	0.033	0.008
	平均偏差	0.011	0.008	0.015	0.001
整体	加权偏差	0.023	0.020	0.013	0.001

　　图 7 - 25 为光伏电站无功功率控制模型验证曲线，试验期间有功功率保持为

10MW，偏差计算结果见表 7-9。

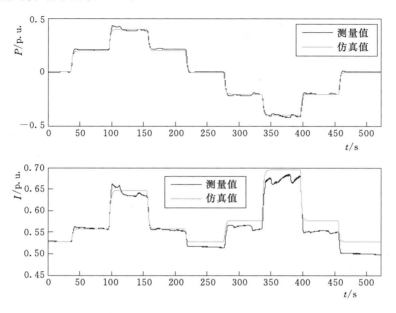

图 7-25　光伏电站无功功率控制模型验证曲线（$P_0=10$MW）

表 7-9　　　　　　　　光伏电站无功功率控制模型验证偏差计算　　　　　　　　单位：p.u.

区间	偏差类型	无功功率控制指令阶跃							
		0→0.2	0.2→0.4	0.4→0.2	0.2→0	0→−0.2	−0.2→−0.4	−0.4→−0.2	−0.2→0
A（稳态）	最大偏差	0.001	0.008	0.013	0.014	0.005	0.001	0.014	0.001
	平均偏差	0	0.008	0.013	0.014	0.005	0.001	0.012	0.001
B₁（暂态）	平均偏差	0.005	0.013	0.014	0.008	0.021	0.014	0.028	0.006
B₂（稳态）	最大偏差	0.028	0.053	0.019	0.005	0.020	0.017	0.023	0.005
	平均偏差	0.017	0.033	0.013	0.005	0.016	0	0.010	0.005
整体	加权偏差	0.007	0.021	0.013	0.010	0.003	0.003	0.006	0.004

7.4.4　电站等值模型验证

结合某实际电网和人工短路试验数据验证新能源电站等值模型。光伏电站 A 额定容量为 6.9MW，经 35kV 母线并入电网，光伏电站结构如图 7-26 所示。

基于 DIgSILENT PowerFactory 建立光伏电站等值模型，如图 7-27 所示，等值模型含 2 台等值机，模型参数相同；等值箱变参数有差异。图 7-28 为光伏电站故障穿越模型验证曲线，试验期间并网点电压跌落至 0.83p.u.，持续 40ms，实测与仿真的偏差计算结果见表 7-10。

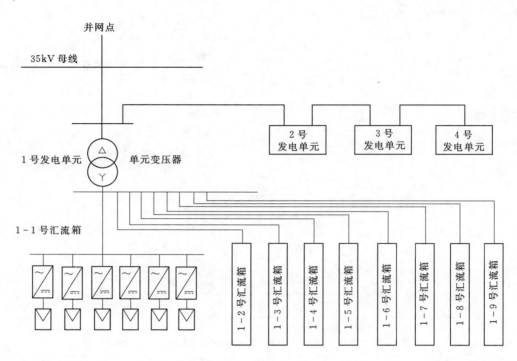

图 7-26　光伏电站结构

表 7-10　　　　　　　　　　光伏电站等值模型模型验证偏差计算　　　　　　　单位：p. u.

区间	偏差类型	电压	电流	有功功率	无功功率	无功电流
A	最大偏差	0.02545	0.01315	0.00634	0.00258	0.00309
A	平均偏差	0.00022	0.00091	0.00073	0.00046	0.00047
B_1（暂态）	平均偏差	0.01157	0.03074	0.03657	0.00445	0.00476
B_2（稳态）	最大偏差	0.00983	0.00524	0.00111	0.00543	0.00559
B_2（稳态）	平均偏差	0.01615	0.03367	0.03796	0.00085	0.00089
C_1（暂态）	平均偏差	0.00361	0.00091	0.00076	0.00085	0.00089
C_2（稳态）	最大偏差	0.00797	0.0191	0.02211	0.00434	0.00458
C_2（稳态）	平均偏差	0.02545	0.01315	0.00634	0.00258	0.00309
整体	加权偏差	0.00022	0.00091	0.00073	0.00046	0.00047

由算例中可以看出，光伏逆变器模型验证满足模型验证的技术要求，存在误差的原因可能是：

（1）系统响应速度不同。实际测试系统的开关闭合需要有一定的响应时间，逆变器机端电压跌落有一定的斜率；而仿真系统中，开关闭合瞬间逆变器机端电压跌落完成。

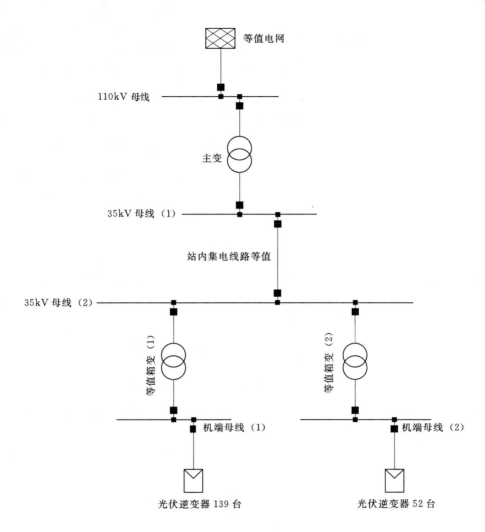

图 7-27 光伏电站等值模型

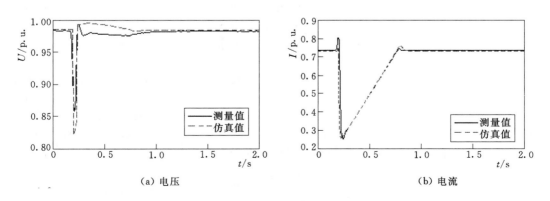

（a）电压　　　　　　　　　　　　　　　（b）电流

图 7-28（一）　光伏电站等值模型模型验证曲线

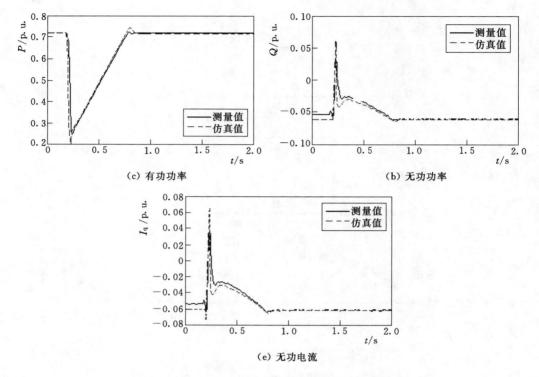

图 7 - 28（二）　光伏电站等值模型模型验证曲线

（2）仿真模型相对于实际模型有一定的简化。根据仿真需要，在一定精度范围内适当简化模型，提高计算效率。

（3）逆变器本身的控制精度以及测量设备引起的测量偏差。

参 考 文 献

［1］　GB/T 19964—2012 光伏发电站接入电力系统技术规定 ［S］. 北京：中国电力出版社，2012.

［2］　GB/T 32892—2016 光伏发电系统模型及参数测试规程 ［S］. 北京：中国电力出版社，2016.

［3］　FGW TR4：Demands on modeling and validating simulation models of the electrical characteristics of power generating units and systems ［S］. Franklin German，2010.

［4］　IEC 61400 - 27 - 2：2015　Wind energy generation systems Part 27 - 2：Electrical simulation models - Model validation ［S］. Ed，1 CD.

［5］　Honrubia - Escribano A，F. Jiménez - Buendía，E. Gómez - Lázaro，et al. Field validation of a standard Type 3 wind turbine model for power system stability，according to the requirements imposed by IEC 61400 - 27 - 1 ［J］. IEEE Transactions on Energy Conversion，2017（99）：1 - 1.

［6］　QU Linan，ZHU Lingzhi，GE Luming，et al. Research on multi - time scale modelling of photovoltaic power plant ［C］. 4th IET International Conference on Renewable Power Generation（RPG），October 17 - 18，2015，Beijing，China：5p.

［7］　GE Luming，WANG Jili，CHENG Lin，et al. Modeling of photovoltaic generation unit for power system studies ［C］. IEEE PES Asia - Pacific Power and Energy Engineering Conference，December 8 - 11, 2013, Hong Kong, China: 5p.

[8] 曲立楠，葛路明，朱凌志，等. 光伏电站暂态模型及其试验验证 [J]. 电力系统自动化. 2018 (10)：170 - 175.

[9] CIGRE TB 727 C4 - C6. Modelling of inverter - based generation for power system dynamic studies [R]. CIRED JWG C4/C6. 36 report，Jun. 2018.

第8章 新能源发电并网仿真分析

本章是对前述章节建模的应用，基于算例系统，研究新能源发电并网常规电力系统稳定性方面的影响，包括功角稳定性、暂态电压稳定性以及频率稳定性，并比较与常规机组在暂态响应及调节特性方面的差异。算例系统以中国电力科学研究院综合稳定程序（PSASP）自带的 36 节点纯交流系统（CEPRI‐36 节点系统）为基础，针对新能源接入的特点，增加新能源电站并网点和送出线路，构建一个含新能源电站的交流算例系统。原系统包含 8 台同步发电机组（含 1 台调相机），总装机容量 5115MVA，有选择地替换部分同步发电机为同容量的风电场或光伏电站，设置短路、负荷投切等事件，仿真研究含新能源的系统稳定性问题，并与纯同步发电机的电力系统进行对比分析。本章采用的仿真工具为中国电力科学研究院综合稳定程序（PSASP）7.35 版。

8.1 算例系统

算例系统包含 500kV 和 220kV 2 个主要电压等级，34 条线路，16 台变压器。系统分为 3 个区域，其中区域一和区域二有发电机和负荷，区域三仅有发电机，拓扑结构如图 8‐1 所示。

系统的电源由 7 台同步发电机构成，其中 4 台火电机组、2 台水电机组，1 台外网等值机组。系统中还配置 1 台调相机，用于提高稳定水平。系统中同步发电机总装机容量 5115MVA，发电机装机容量和初始潮流见表 8‐1，计算中同步发电机采用五阶模型，发电机励磁系统、调速系统及 PSS 模型见表 8‐2。

表 8‐1 算例系统装机容量及潮流

发电机名称	所在节点	节点类型	有功出力/MW	无功出力/Mvar	额定容量/MVA	额定功率/MW	说明
G1	BUS1	$V\theta$	626.28	230.46	1880	1500	外网等值机
G2	BUS2	PQ	500	300	706	600	火电机组
G3	BUS3	PV	410	270.16	882	750	水电机组
G4	BUS4	PQ	160	70	235	200	火电机组
G5	BUS5	PQ	430	334	637.5	560	火电机组
G6	BUS6	PV	−1	109.04	100	0.1	调相机
G7	BUS7	PV	225	36.7	286	250	水电机组
G8	BUS8	PV	306	29.38	388.4	340	水电机组

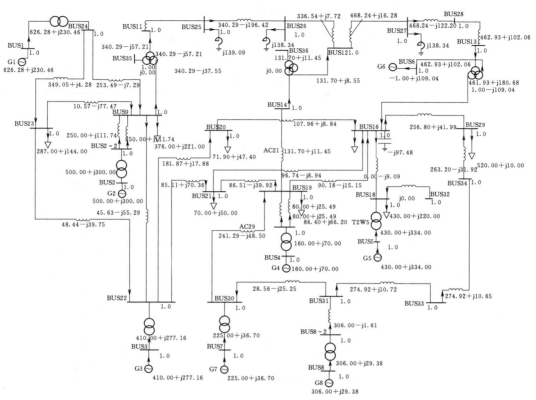

图 8-1 算例系统拓扑结构图

表 8-2 同步机控制系统模型

发电机名称	发电机模型	励磁系统模型	调速器模型	PSS 模型
G1	3 型	—	—	—
G2	3 型	1 型	1 型	1 型
G3	3 型	1 型	1 型	1 型
G4	3 型	1 型	1 型	1 型
G5	3 型	1 型	1 型	1 型
G6	3 型	1 型	—	1 型
G7	3 型	2 型	1 型	1 型
G8	3 型	1 型	1 型	1 型

注 1. 同步发电机模型：3 型，为 E_q''，E_d''，E_q' 电势变化的模型（5 阶）。

2. 励磁系统模型：1 型，为他励式常规励磁系统或采用可控硅调节器的他励式快速励磁系统，即通常具有励磁机的励磁调节系统；2 型，为采用可控硅调节器的自并励和自复励快速励磁系统。

3. 调速器模型：1 型，是一种水火电机组均适用的通用调速器模型。包括量测环节、配压阀、伺服机构、反馈回路以及水锤效应（或汽惯性）、中间过热环节等。

4. PSS 模型：1 型，是一种通用的模型，输入信号根据需要可取转速偏差、功率偏差、端电压偏差，采用两级移相结构。

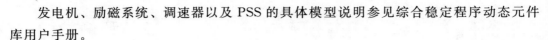

发电机、励磁系统、调速器以及 PSS 的具体模型说明参见综合稳定程序动态元件库用户手册。

系统共有 10 个负荷节点，总有功负荷 2568MW，各节点负荷及负荷模型见表 8 - 3。

表 8 - 3　　　　　　　　　　　系 统 负 荷 及 模 型

负荷节点	有功负荷/MW	无功负荷/Mvar	负荷模型
BUS16	500	230	50%恒阻抗＋50%电动机
BUS18	430	220	50%恒阻抗＋50%电动机
BUS19	86.4	66.2	50%恒阻抗＋50%电动机
BUS20	71.9	47.4	50%恒阻抗＋50%电动机
BUS21	70	50	恒阻抗
BUS22	226.5	169	50%恒阻抗＋50%电动机
BUS23	287	144	恒阻抗
BUS29	520	10	恒阻抗
BUS32	0①	0	恒阻抗
BUS9	376	221	恒阻抗

①　用于设置负荷扰动。

8.2　新能源电站接入电网静态特性分析

与常规电源不同，新能源发电的出力受资源条件的影响，波动性较大。因此，新能源电站接入电网后，系统运行人员首先关注的是新能源电站出力波动对系统节点电压、线路潮流的影响。

本节利用连续潮流分析新能源电站接入后，系统相关节点的电压变化趋势。计算时，将算例系统中的发电机 G2 替换为装机容量 600MW 的新能源电站。

实际运行中，大部分新能源电站一般采用定功率因数的无功控制模式，因此设置 $\cos\varphi=1.0$ 和 $\cos\varphi=-0.98$（容性，对应无功出力约为有功出力的 20%）两种功率因数，分析新能源电站送出线路无功损耗、新能源电站并网点（BUS2 - 2）和电网主要节点的电压水平随新能源电站出力增加的变化情况。新能源电站的出力范围为额定容量的 10%～100%，期间其他发电机组的有功出力保持不变，由平衡机（G1）维持系统功率的平衡。图 8 - 2，图 8 - 3 分别为新能源电站功率因数为 $\cos\varphi=1$ 和 $\cos\varphi=-0.98$（容性）条件下的计算结果。

新能源电站并网点电压与其输出功率、接入地区电网的结构和强度密切相关。当新能源电站功率因数为 1 时，新能源电站不向电网提供无功支撑。为了满足新能源电站有

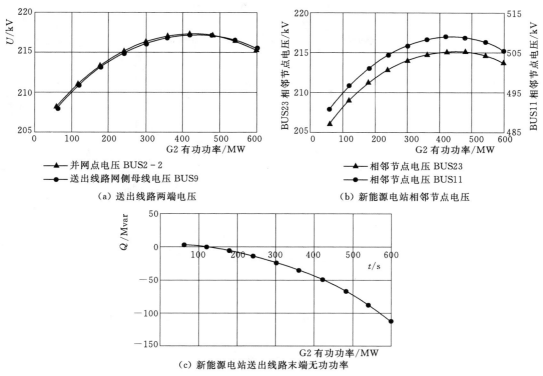

（a）送出线路两端电压　　　　　　　（b）新能源电站相邻节点电压

（c）新能源电站送出线路末端无功功率

图 8-2　新能源电站无功电压变化曲线（功率因数为 1）

功的送出，系统需要向新能源电站送出线路注入大量无功功率，补偿送出线路的无功损耗。由图 8-2（c）可见，随着新能源电站出力的增加，系统向送出线路补偿的无功功率增加，当新能源电站满出力时无功功率达到 110Mvar。在新能源电站出力较低时，由于新能源电站有功注入，导致算例系统中其他线路的有功降低，系统整体电压水平上升；但随着新能源电站有功的继续增加，送出线路的无功需求增加而导致系统电压水平降低。因此随着新能源电站出力的增加，并网点及相邻节点电压会呈现先升高再降低的趋势，如图 8-2（a）、（b）所示。

　　当新能源电站功率因数为 -0.98（容性）时，随着有功出力的增加，新能源电站会同步向系统注入 20% 左右的无功功率，对系统电压水平由较强的支撑作用。由图 8-3（c）看出，新能源电站提供的无功功率足以补偿线路的无功损耗，不需要系统提供额外的无功支撑。由于无功支撑相对充足，当新能源电站出力增加时，电站并网点以及相邻节点电压水平均呈上升趋势，但随着有功水平的增加，对系统的无功需求也逐步增加，系统电压水平上升的速率也逐渐下降，如图 8-3（a）、（b）所示。

　　综上分析可以看出，新能源电站功率波动对接入点的电压水平有一定的影响，影响的程度与功率波动的幅度、所接入地区电网的强度、新能源电站的控制模式有较大的关系。实际系统中，应根据电网条件进行分析，选择合适的控制模式和参数，改善功率波动情况下地区电网的电压稳定性水平。

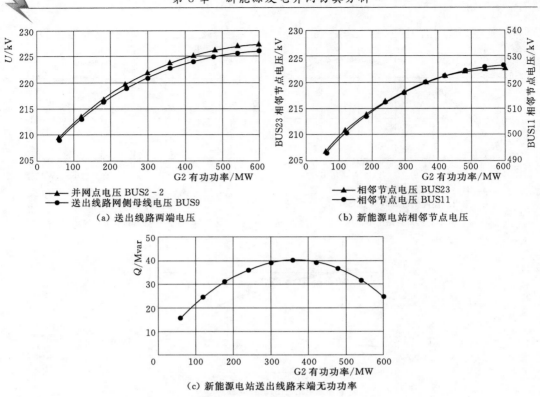

（a）送出线路两端电压 　　　　　　（b）新能源电站相邻节点电压

（c）新能源电站送出线路末端无功功率

图 8-3　新能源电站无功电压变化曲线（功率因数为-0.98）

8.3　新能源发电并网功角稳定性分析

功角稳定性主要关注系统故障条件下同步发电机自身以及各台机组之间维持同步运行的能力。与同步发电机相比，风力发电、光伏发电等新能源采用电力电子变流器并网，通过锁相环跟踪系统频率和相位，因此本身不会存在功角稳定性问题。新能源电站接入后，对系统功角稳定性影响主要体现在改变了系统的惯量水平和运行工况，从而间接影响系统的功角稳定性。

本节将算例系统中的 2 台火电机组（G2 和 G4）和 1 台水电机组（G8）用同容量的风电场（双馈风电机组）或光伏电站替代，此时新能源出力占比为 36.44%。为比较新能源发电对功角稳定性的影响，设置两种不同严重程度的母线故障，其中故障一相对较轻，原全同步机系统能够维持功角稳定；故障二较为严重，原同步机系统功角失稳。分析这两种条件下，风力发电、光伏发电等新能源的接入，是否会加剧或者改善系统的功角稳定性。

8.3.1　故障一（母线三相短路，持续 0.12s）

在区域三的 BUS30 母线设置三相短路瞬时故障，起始时间为 1s，持续 0.12s 后故障清除，图 8-4 为全同步发电机系统的相对功角和电压曲线。由图可知，该故障条件下，原同步发电机系统能够保持功角稳定性。

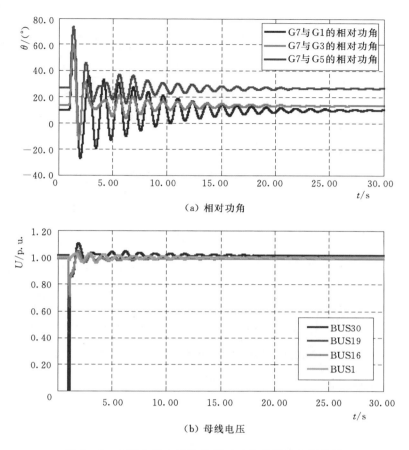

（a）相对功角

（b）母线电压

图 8-4 全同步发电系统的相对功角和母线电压曲线

图 8-5 和图 8-6 是将 G2、G4 和 G8 的发电机组替换为同容量的风电场或光伏电站后的相对功角以及仿真曲线。由图可见，用风电场和光伏电站替代同步发电机后，系统仍然能够维持功角稳定性，并且系统恢复稳定速度相对全同步机系统有所提高，同步发电机之间的功角相对摆幅也略有减小。

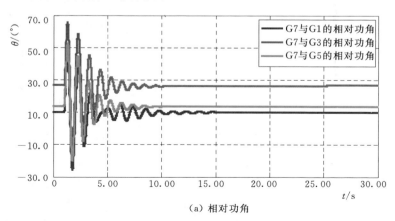

（a）相对功角

图 8-5（一） 含 36％双馈风电的系统相对功角和母线电压曲线

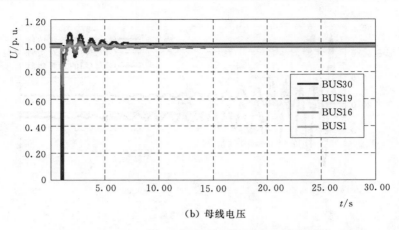

（b）母线电压

图 8-5（二） 含 36% 双馈风电的系统相对功角和母线电压曲线

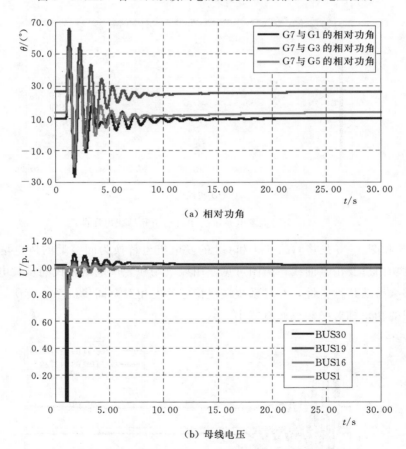

（a）相对功角

（b）母线电压

图 8-6 含 36% 光伏发电的系统相对功角和母线电压曲线

为进一步分析新能源接入后的系统功角稳定特性，将全同步发电机系统、含风力发电系统、含光伏发电系统三种场景下发电机的暂态特性进行对比，这里选取了 G1（系统参考机）和 G4（三种场景下分别为同步发电机、风电场和光伏电站）。

图 8-7 是三种场景下 G4 和 G1 的机端电压、有功功率输出和无功功率输出对比曲

线。图中有功功率和无功功率为标幺值（容量基值为 100MV·A）。由图 8-7 可以看出，相对于同步发电机，风力发电、光伏发电的有功功率和无功功率主要由变流器控制。机端电压波动时，能够快速将有功功率和无功功率控制在设定值，因此故障恢复后，输出功率波动远小于同步发电机；由于风电、光伏发电快速控制的作用，平衡机功率输出的波动性也明显减小。这也是将同步发电机替换为光伏发电后，系统功角稳定性得到改善的重要原因之一。

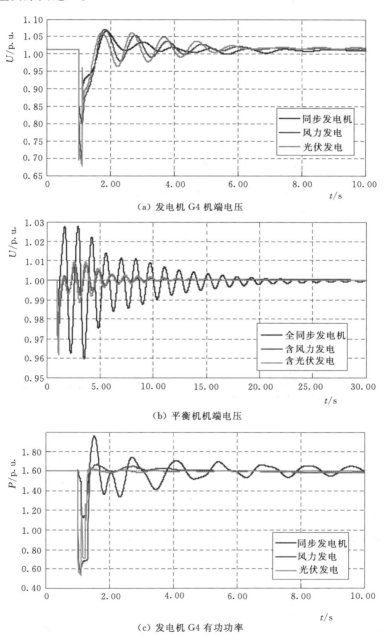

(a) 发电机 G4 机端电压

(b) 平衡机机端电压

(c) 发电机 G4 有功功率

图 8-7（一） BUS30 暂态故障 0.12s 的仿真曲线

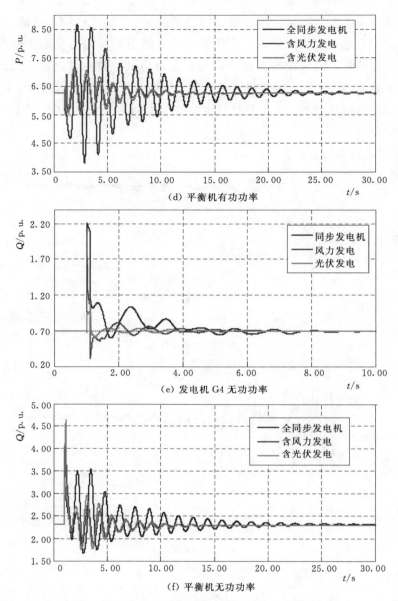

(d) 平衡机有功功率

(e) 发电机 G4 无功功率

(f) 平衡机无功功率

图 8-7（二）　BUS30 暂态故障 0.12s 的仿真曲线

8.3.2　故障二（母线三相短路，持续 0.2s）

故障二与故障一类型、位置相同，但持续时间延长至 0.2s，不采取安控措施，图 8-8 为全同步机系统的相对功角和电压曲线。由图 8-8 可见，该故障条件下，同步发电机之间相对功角持续增加，原全同步机系统功角失稳。

图 8-9 和图 8-10 是将 G2、G4 和 G8 的发电机组替换为同容量的风电场和光伏电站后的相对功角以及仿真曲线。由图 8-9、图 8-10 可见，用风电场和光伏电站替代同步发电机后，系统能够维持功角稳定性。本算例中，风电场和光伏电站对系统的功角稳

定性有明显的改善作用。

同样选取了 G1（系统参考机）和 G4（三种场景下分别为同步发电机、风电场和光伏电站），对比全同步机系统、含风力发电系统、含光伏发电系统三种场景下发电机的暂态特性，如图 8-11 所示。

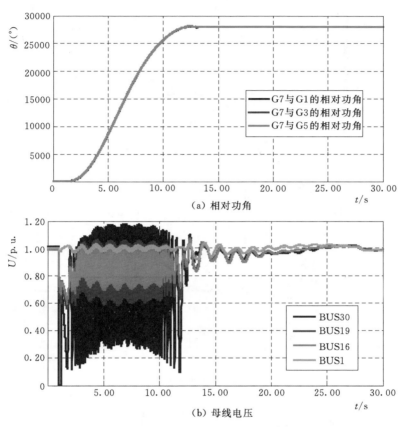

（a）相对功角

（b）母线电压

图 8-8　全同步系统的相对功角和母线电压仿真曲线

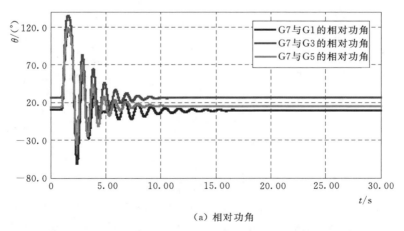

（a）相对功角

图 8-9（一）　含 36% 双馈风电的系统相对功角和母线电压仿真曲线

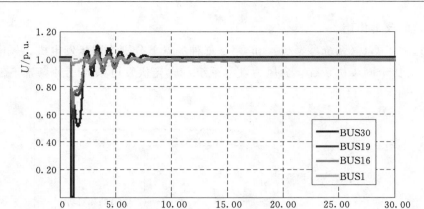

（b）母线电压

图 8-9（二）　含 36％双馈风电的系统相对功角和母线电压仿真曲线

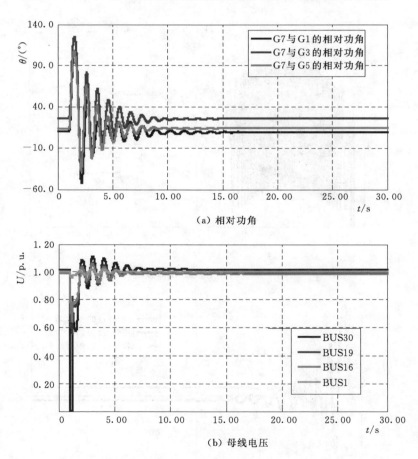

（a）相对功角

（b）母线电压

图 8-10　含 36％光伏发电的系统相对功角和母线电压仿真曲线

由图 8-11 可以看出，包含风力发电/光伏发电的系统之所以能够在该故障下维持功角稳定，主要是由于风力发电、光伏发电自身没有功角稳定性问题，并能够快速将有功和无功控制在设定值，在减少了系统中导致功角失稳的扰动源的同时，支撑了系统功率的快速平衡。

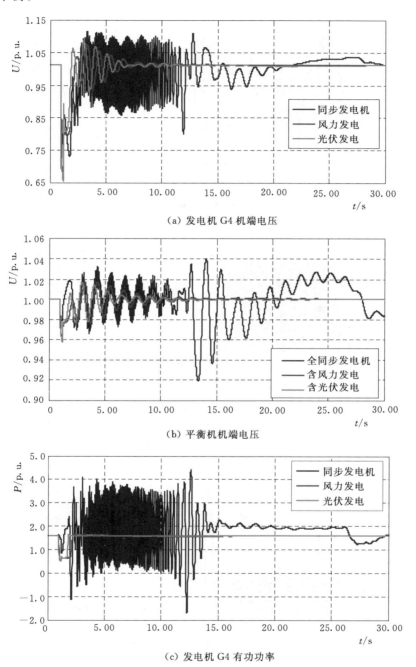

（a）发电机 G4 机端电压

（b）平衡机机端电压

（c）发电机 G4 有功功率

图 8-11（一） BUS30 暂态故障 0.2s 的仿真曲线

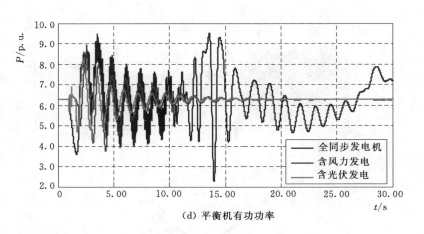

（d）平衡机有功功率

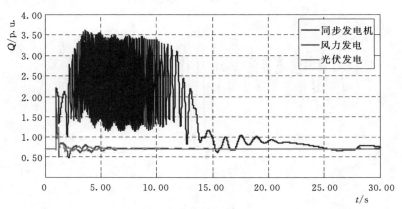

（e）发电机 G4 无功功率

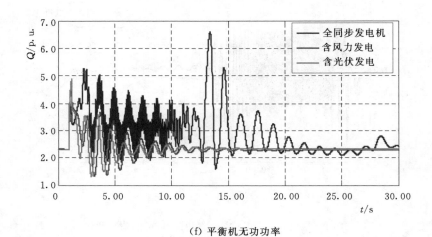

（f）平衡机无功功率

图 8-11（二）　BUS30 暂态故障 0.2s 的仿真曲线

8.4 新能源并网的暂态电压稳定性分析

电力系统的暂态电压稳定性主要关注系统故障后维持电压水平在合理范围内的能力。与同步发电机相比，风力发电、光伏发电等受电力电子设备的制约，过电压、过电流能力较差，短路电流输出较小，故障期间的无功支撑能力较弱，对系统的暂态电压稳定影响较大。

本节延用 8.3 节中的算例方案，将系统中的 2 台火电机组（G2 和 G4）和 1 台水电机组（G8）用同容量的风场（双馈风电机组）或光伏电站替代。通过设置电网短路故障，分析接入不同类型的电源后，系统各节点电压水平及各电源动态响应特性的差异，评估新能源对系统暂态电压稳定性的支撑能力。

故障设置在 BUS19 与 BUS30 之间线路的近 BUS19 侧，故障类型为三相瞬时金属性短路故障，起始时间为 1s，持续 0.12s 后故障清除。图 8 - 12 为故障线路两侧的母线电压和故障点附近的发电机机端电压曲线。

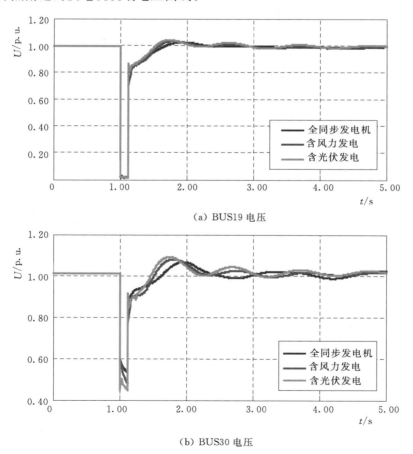

(a) BUS19 电压

(b) BUS30 电压

图 8 - 12（一） 系统部分节点电压曲线

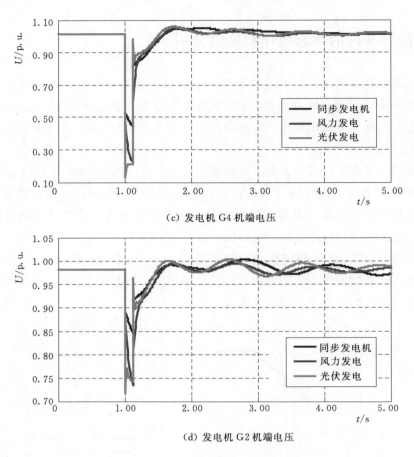

（c）发电机 G4 机端电压

（d）发电机 G2 机端电压

图 8 - 12（二）　系统部分节点电压曲线

　　该故障条件下，全同步发电机系统、含风力发电系统以及含光伏发电系统在近故障点母线（BUS19）的电压均跌落至 0 附近，但其他节点的电压水平不尽相同。故障线路对端母线（BUS30）电压全同步发电机系统中最低跌落至 0.55p. u.，在含风力发电系统中最低跌落至 0.50p. u.，在含光伏发电系统中最低跌落至 0.45p. u.。而发电机出口（BUS4）的电压差异更为明显，G4 为同步发电机时，电压最低为 0.45p. u.，接风电场时，电压降低至 0.21p. u.，而接光伏电站时，电压水平最低，达到了 0.12p. u.。由于风电低电压保护的电压阈值为 0.2p. u.，光伏发电具备 150ms 的零电压穿越能力，因此在本仿真案例中，风力发电、光伏发电均没有脱网。BUS2 发电机距离短路点电气距离较远，因此故障期间电压跌落幅值要远小于 BUS4，但仍呈现出风力发电和光伏发电电压跌落程度明显低于同步机的特点。

　　图 8 - 13 为发电机 G4 在三种场景下的电流、有功功率以及无功功率输出。G4 距离短路点电气距离较近，因而受短路故障的影响也更大。由图 8 - 13 可以看出，故障期间同步发电机短路电流维持在额定电流的 3 倍左右，因此能够对机端电压起到明显的支撑作用；由于机端电压较高，同步机输出无功功率也相应较大。双馈风电机组故障电流

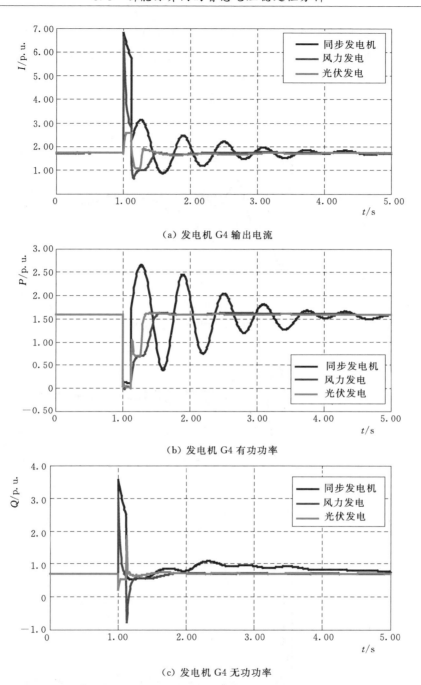

（a）发电机 G4 输出电流

（b）发电机 G4 有功功率

（c）发电机 G4 无功功率

图 8 - 13　BUS4 发电机的故障穿越特性曲线

由网侧变流器和定子电流共同决定，在故障瞬间也能接近额定电流的 3 倍，但由于
Crowbar 电路的投入以及转子变流器的控制，故障电流迅速衰减至额定电流附近；光伏
电站的短路电流完全由逆变器决定，仅能达到 1.1 倍的额定电流。这也是风电场/光伏
电站在故障期间，机端电压水平低于同步发电机的主要原因。

图 8-14 为发电机 G2 在上述故障下的故障穿越特性曲线。由于 G2 距离短路点电气距离较远，电压跌落幅度较小，因此故障期间的短路电流也相对较小，无功功率也相对较小。虽然发电机 G2 的短路电流小于 G4，但由于故障期间 G2 的机端电压远高于 G4，因此故障期间 G2 输出的无功功率实际上是大于 G4 的。

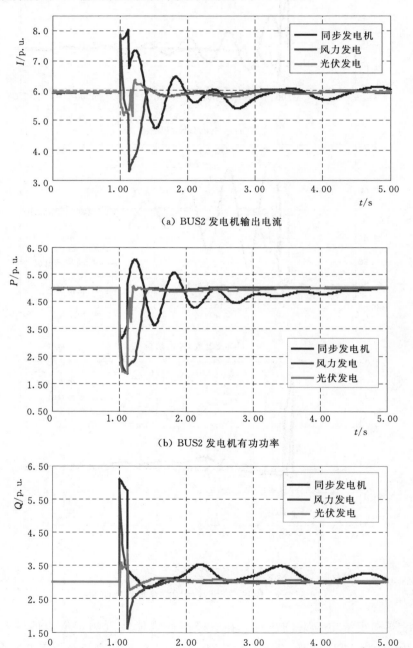

（a）BUS2 发电机输出电流

（b）BUS2 发电机有功功率

（c）BUS2 发电机无功功率

图 8-14　BUS2 发电机的故障穿越特性曲线

从图 8-13 和图 8-14 还可以看出，在故障清除瞬间，双馈发电机有个瞬时的无功功率反调过程，主要是由于双馈风电机组的无功功率调节受异步发电机的过渡过程的影响，相对较慢，这也是风电无功功率控制的难点之一。而光伏为纯电力电子器件，调节速度快，其无功功率输出可以准确跟踪电网电压的变化。

8.5　新能源发电并网频率调节特性分析

系统频率主要由同步发电机的转速决定，当系统出现负荷变化、机组投退时，为了维持系统功率平衡，在运行的同步发电机电磁功率发生突变，导致与机械功率不平衡，引起发电机转子加速或减速，这是系统频率发生变化的主要原因。频率稳定性主要关注系统在出现大的负荷变动或发电机投退时，是否能够维持频率在额定值附近，不超过电网运行允许的范围。电力系统维持频率稳定性的能力主要由同步发电机的惯量及控制系统决定，同步发电机装机规模越大，相同功率扰动引起的频率变动越小，系统频率稳定性越好。同时，同步发电机的调速系统、PSS 的控制性能以及机组爬坡性能也对系统频率稳定性有较大的影响。

风力发电、光伏发电等新能源主要利用锁相环跟踪电网频率，在现有控制方式下，有功功率不会随着系统的频率变化而变化。当同步发电机被风力发电/光伏发电代替后，电力系统的总体惯量会减小，频率稳定性水平会变差。但同时，电力电子设备具有控制快速、灵活的特点，如果通过在机端或场站侧增加额外的控制，使机组有功功率输出能够随着系统频率的变化而变化，风电场/光伏电站也能够对系统的频率稳定起到支撑作用。

本节延用 8.3 节中的算例方案，将系统中的 2 台火电机组（G2 和 G4）和 1 台水电机组（G8）用同容量的风电场（双馈风电机组）或光伏电站替代。设置投入或切除负荷两种扰动，分析考虑全同步发电机系统、含光伏发电接入（无频率调节功能）、含风力发电系统（有频率调节功能）以及含光伏发电系统（有频率调节功能）四种场景，研究系统的频率特性以及各类发电机的调节作用。

算例系统中，同步发电机转速不等率设置为 5%（对应调差系数 20），频率死区为 ±0.1Hz。风电场和光伏电站频率调差系数为 30，频率死区为 ±0.03Hz。仿真中假设风速和辐照度均能保证风电场和光伏电站按额定功率运行，但初始功率设置为额定功率的 90% 以下，预留额定功率的 10% 为欠频升功率调节裕量，同时具备向下调节和向上调节的能力。新能源电站功率系统 PI 控制器参数取 $K=0.1$，$T=2$。

8.5.1　欠频调节特性分析

为模拟系统频率下降的场景，设置在 1s 时，在 BUS32 节点投入 200MW 有功负荷，图 8-15 给出了四种场景下系统参考机（G1）的频率。由图 8-15 可以看出，负荷投入后，全同步发电机系统的频率最低下降到了 49.71Hz 左右，随着调速系统一次调频的作用，系统频率逐渐恢复，最终稳定在 49.84Hz 左右。将同步发电机用新能源发电代替后，如果新能源发电不参与频率调节，系统频率特性明显恶化，频率下降更为剧烈，最低达到了 49.6Hz。而如果新能源发电能够参与系统的一次调频，在上述设定的调节参数下，含新能源系统的频率特性与全同步机系统基本一致；而且由于新能源发电自身较快和较平稳的调节性能，系统频率的恢复特性相比全同步机系统更为平滑。在频率调节性能上，风力发电和光伏发电的表现存在一定差异，主要是风电的调节需要涉及变桨系统的动作，风轮转速的变化，相对较慢，而光伏发电完全由电力电子逆变器决定，响应更灵敏。

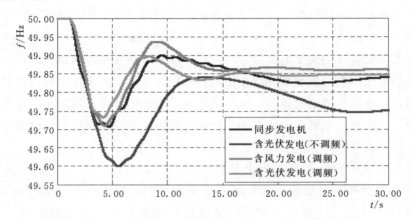

图 8-15　系统频率

图 8-16 给出了发电机 G2、G4、G8 分别为同步发电机、风力发电、光伏发电时的有功功率输出。首先可以看出，在负荷突增瞬间，由于系统的相位发生瞬变，同步发电机的输出电磁功率发生突变，以满足系统负荷的平衡，随后由于输入机械功率小于电磁功率，发电机转子减速，这是系统频率发生改变的主要原因。而在此期间，新能源发电的功率输出基本保持不变，这也是新能源与同步发电机在维持系统功率平衡能力方面的本质差异。

当系统频率超过设定的死区时，同步发电机一次调频开始起作用，随着频率的降低增加有功功率输出，发电机 G8 为水电机组，在一次调频初期，由于水锤效应的影响，呈现出一定的反调节特性。

此时若设置新能源不参与系统频率调节，系统频率变化其有功出力保持初始值不变；反之，其有功功率输出也能够跟随系统频率的变化。新能源电站的频率调节性能与设定的电站控制器参数（对应实际控制中的算法、通信延迟等）密切相关，在本算例中，风电场、光伏电站的调节速度、响应时间与火电机组基本相当，光伏电站调节速度略快于风电场。

根据系统的频率和各个发电机组的调频策略及参数，可以计算出发电机组在系统频率变动期间理论上应该输出的有功功率，与实际有功功率输出对比，即可评价发电机的一次调频性能。图 8-17 给出了发电机 G2 分别为同步发电机、风电场、光伏电站时，

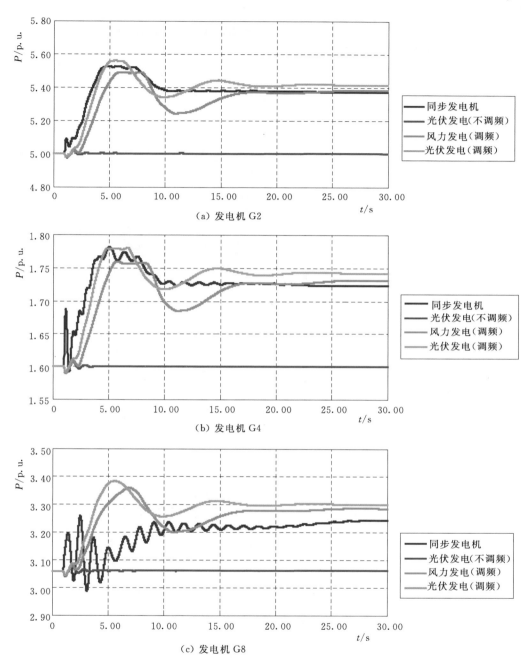

(a) 发电机 G2

(b) 发电机 G4

(c) 发电机 G8

图 8-16 同步机与新能源发电的有功功率调节对比

理论功率曲线与实际功率曲线。通过对比可以看出，由于控制器的延时，新能源电站实际功率输出与参与一次调频时理论的功率输出存在一定差异。

以光伏电站为例，假设控制器性能可以更好（设定 $K=0.1$，$T_i=1$），图 8-18 为按上述的事件重新仿真得出的光伏电站一次调频有功功率输出曲线及其与原参数条件下

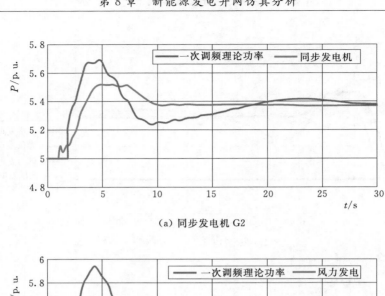

(a) 同步发电机 G2

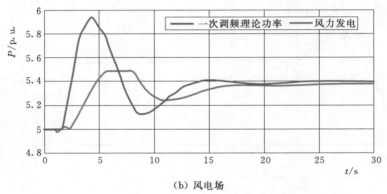

(b) 风电场

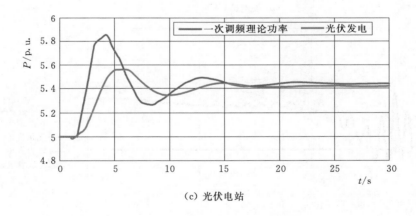

(c) 光伏电站

图 8 - 17 一次调频理论功率与实际功率对比

的对比。

　　由图可以看出，在新参数下，光伏电站有功功率输出的响应速度明显变快，与理论功率之间的差异也大大缩小，同时，系统的最低频率值提高，频率波动过程缩短，频率特性明显改善。因此，提高电站控制器的性能，可以有效地提升新能源参与系统频率调节的能力，改善系统频率稳定性水平。

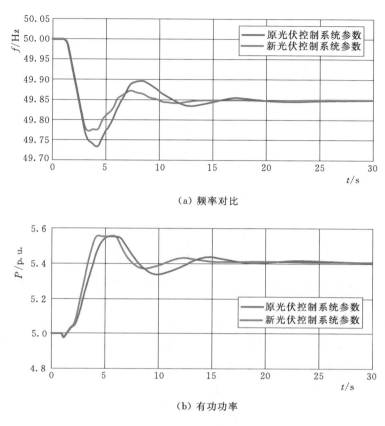

（a）频率对比

（b）有功功率

图 8-18 光伏电站一次调频速度

8.5.2 过频调节特性分析

为模拟系统频率抬升的场景，设置在 1s 时，在 BUS32 节点切除 100MW 有功负荷，图 8-19 给出了四种场景下系统参考机 G1 的频率。由图 8-19 可以看出，负荷投入后；全同步机系统的频率最高抬升到了 50.17Hz 左右；随着调速系统一次调频的作用，系统频率逐渐恢复，最终稳定在 50.06Hz 左右。将同步发电机用新能源发电代替后，如果新能源发电不参与频率调节，系统频率特性明显恶化，频率升高更为剧烈，最高达到 50.23Hz。而如果新能源能够参与系统的一次调频，在已设定的调节参数下，含新能源系统的频率特性与全同步机系统基本一致，频率最高点没有全同步发电机系统高，而系统的频率最终稳定在 50.8Hz 左右，略高于全同步发电机系统的稳定频率。

图 8-20 给出了发电机 G2、G4、G8 分别为同步发电机、风电机组、光伏组件时的有功输出。同样可以看出，在负荷突减瞬间，由于系统的相位发生瞬变，同步发电机的输出电磁功率发生突变，以满足系统负荷的平衡，随后由于输入机械功率大于电磁功率，发电机转子加速，系统频率上升。

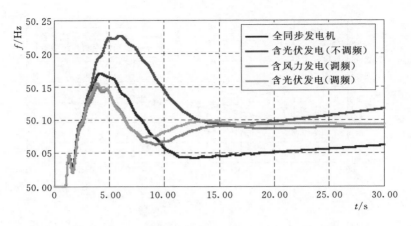

图 8 - 19　系统频率

当系统频率超过设定的死区时，同步发电机一次调频开始起作用，随着频率的升高同步发电机的有功输出减小。在新能源参与系统频率调节的情况下，其有功输出也能够跟随系统频率的变化。

分析新能源电站通过场站级控制，参与系统频率调节的技术和效果。实际上，新能源电站参与系统频率调节，既可以通过电站控制系统实现，也可以通过单台风电机组或者光伏逆变器改变控制算法实现，即单机调频模式。但在大电网仿真研究中，这两种实现方式对于仿真结果的影响不大，因此本书不再针对单机调频模式的效果进行仿真分析。

由于控制原理的差异以及现行技术标准的要求，目前已并网的风力发电、光伏发电一般情况下不具备响应系统频率变化，参与系统频率调节的能力。随着新能源占比的进一步提高，系统频率稳定性问题将日益显著，充分利用风力发电、光伏发电快速灵活的控制性能，参与系统调节，对于提高系统频率稳定性水平具有良好的作用。

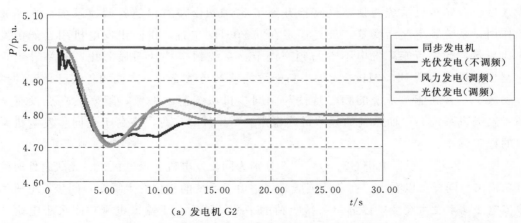

（a）发电机 G2

图 8 - 20（一）　同步发电机与新能源发电的有功调节对比

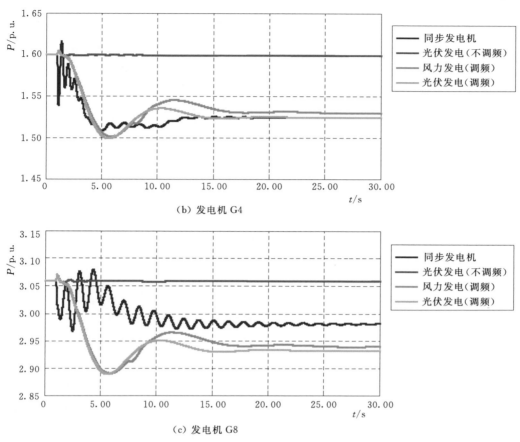

（b）发电机 G4

（c）发电机 G8

图 8-20（二） 同步发电机与新能源发电的有功调节对比